神逻辑：

恶补逻辑学的第一本书

SHEN LUOJI:
E BU LUOJIXUE DE DI YI BEN SHU

达夫 / 著

北京联合出版公司
BeiJing United Publishing Co.,Ltd.

生活中，逻辑无处不在。无论我们是有意还是无意，逻辑无时无刻不服务于我们的生活，思考、工作、生活、学习等，处处可见逻辑的影子。逻辑是所有学科的基础，无论你想学习哪一门专业，要想学得好、学得快，都要有较强的逻辑思维能力。

现今社会，逻辑能力越来越被人重视，不仅学生应试要具备必需的逻辑能力，就是考 MBA、面试时也有逻辑测试题，世界著名公司的招聘考试中，有关逻辑能力的题更是必考内容。逻辑能力之所以越来越被人重视，一个很重要的原因就是逻辑能力强的人思维极其活跃，应变能力、创新能力、分析能力甚至领导能力在某种程度上都高于他人。拥有这样能力的人，无论是在学习、生活中，还是工作中，都能有卓越的表现。

一般来说，每个人的逻辑思维能力都不是一成不变的，它是一个永远也挖不完的宝藏。只要懂得基本的规则与技巧，再加上适当的科学训练，每个人的逻辑能力都能获得极大提升。

本书介绍了逻辑学的基本原理和相关技巧，从逻辑的概念、类型，到论证方法，到基本规律，把看似枯燥难懂的内容，以贴近生活、通俗易懂的方式讲述得明明白白。难度由浅入深，帮助读者发掘出头脑中的资源，打开洞察世界的窗口，向读者提供了一种思考问题的方式和角度，构建全方位的视角，为各种问题的解决和思考维度的延伸提供了行之有效的指导。

这是一本活跃思维的工具书，我们将以图解的方式帮你挖掘大脑潜能，以有效的形式助你活跃思维，提高分析和解决各种难题的能力。当你跟着本书的指引，通过认真思考和仔细观察，成功地解决了问题之后，你会欣喜地发现，那些拥有卓绝成就的人所具备的超凡思维能力，并不是遥不可及的。通过对本书的阅读，你可以冲破思维定式，试着从不同的角度思考问题，不断地进行逆向思维，换位思考，无论是参加世界 500 强企业面试，还是报考 MBA 等，都能轻松应对。运用从本书中学到的各种逻辑思维方法，你就能成功破解各种难题，全面开发思维潜能，成长为社会精英和时代强者。

本书既可作为提升逻辑力的训练教程，也可作为开发大脑潜能的工具书。不同年龄、不同角色的人，都可以从这本书中获得深刻的启示。阅读本书，能让你思维更缜密、观察更敏锐、想象更丰富、心思更细腻、做事更理性。

目录

第三章

判断思维——你认为正确的，不一定是正确的

第四章

演绎推理思维——找出问题，分析问题

第五章

归纳逻辑思维——由特殊到普遍的推理

第八章

逻辑论证思维——想要以理服人，就要有理有据

第九章

逻辑谬误——不讲道理的人总有理

神逻辑：恶补逻辑学的第一本书 ① ② ③
SHEN LUOJI: E BU LUOJIXUE DE DI YI BEN SHU

第一章

高深莫测的逻辑

——生活离不开逻辑学

逻辑和思维密不可分

"逻辑"（logic）这个词是个舶来语，来源于古希腊语即"逻各斯"。逻各斯原指事物的规律、秩序或思想、言辞等。现代汉语中，不同的语境里，"逻辑"自有它不同的含义。比如，"中国革命的逻辑""生活的逻辑""历史的逻辑""合乎逻辑的发展"中的"逻辑"，表示事物发展的客观规律；"这篇文章逻辑性很强""说话、写文章要合乎逻辑""做出合乎逻辑的结论"中的"逻辑"表示人类思维的规律、规则；"大学生应该学点逻辑""传统逻辑""现代逻辑""辩证逻辑""数理逻辑"中的"逻辑"表示一门研究思维的逻辑形式、逻辑规律及简单的逻辑方法的科学——逻辑学；"人民的逻辑""强盗的逻辑""奴隶主阶级的逻辑"中的"逻辑"则指一定的立场、观点、方法、理论、原则。

"逻辑"一词来源于西方，但并不意味着逻辑就是西方的独创，古代东方对逻辑也有研究和应用，古代中国先秦时期的"名学""辩学"和古印度的"因明学"都是逻辑学应用的典范。这说明逻辑思维是人类思维的一个共性。

所谓的思维，简单地说，就是人们"动脑筋""想办法""找答案"的过程，并且，它一定同人们的认知过程相联系，必须是主要依靠人的大脑活动而进行的，否则，我们只能叫它感知（认识的第一阶段），而不是思维。换句话说就是，只有主要依靠人的大脑对事物外部联系和综合材料进行加工整理，由表及里，逐步把握事物的本质和规律，从而形成概念、建构判断和进行推理的活动才是思维活动。

概念、判断、推理是理性认识的基本形式，也是思维的基本形式。概念是反映事物本质属性或特有属性的思维形式，是思维结构的基本组成要素。判断（命题）是对思维对象有所判定（即肯定或否定）的思维形式，它是由概念组成的，同时，它又为推理提供了前提和结论。推理是由一个或几个判断推出一个新判断的思维形式，是思维形式的主体。

而概念、判断、推理和论证，恰恰是逻辑所要研究的基本内容。因此，我们说逻辑是关于思维的科学。

当然，逻辑并不研究思维过程的一切方面。思维的种类有很多，形象思维、直觉思维、创造思维、发散思维、灵感思维、哲学思维等，这些思维都与人们的大脑活动有密切关系，但都不是逻辑思维。只有人们在认识过程中借助概念、判断、推理等思维的逻辑形式，遵守一定的逻辑规则和规律，运用简单的逻辑方法，能动地反映客观现实的理性认识过程才叫逻辑思维，又称理论思维。这就是说，逻辑只从思维过程中抽象出思维形式（概念——判断——推理）来加以研究，准确地说，逻辑是关于思维形式的科学。

思维专属于人类，这是不争的事实。即使是最被人看好的类人猿、猴子、海豚等都没有思维的属性，因为思维是和语言相连接的，没有语言和文字的动物是没有思维的。逻辑、思维、语言三者是密不可分的，了解这一点，有助于提升我们的逻辑思维能力。

逻辑起源于理智的自我反省

古代中国的名辩学、古希腊的分析学和古代印度的因明学并称为逻辑学的三大源流。不过，当时的逻辑学并不是一门独立的学科，而是包含于哲学之中。

中国的先秦时代是诸子百家争鸣、论辩之风盛行的时期，逻辑思想在当时被称为"名辩之学"。先秦的"名实之辩"几乎席卷了所有的学派。当时，出现了一批被称为"讼师""辩者""察士"的人，如邓析、惠施、公孙龙等。他们或替人打官司或收徒讲学，"操两可之说，设无穷之辞"，提出了许多有关巧辩、诡辩和悖论性的命题。其中，以墨翟为代表的墨家学派对逻辑学的贡献最大。在墨家学派的著作《墨经》中，对概念、判断、推理问题做了精辟的论述。不过，"名学""辩学"作为称谓先秦学术思想的用语，并非古已有之，而是后人提出的，到了近代才被学术界普遍接受。

逻辑学在古代印度称为"因明学"，因，指推理的根据、理由、原因；明，指知识、学问。"因明"就是关于推理的学说，起源于古印度的辩论术。相传，上古时代的《奥义书》就已提到了"因明"。释迦牟尼幼时，也曾在老师的指导下学习过"因明"。不过，因明真正形成自己独立完整的体系，则是 2 世纪左右的事。其主要学术代表有陈那的《因明正理门论》、商羯罗主的《因明入正理论》等。

古希腊是逻辑学的主要诞生地，经过公元前 6 世纪到公元前 5 世纪的发展，在公元前 4 世纪由亚里士多德总结创立了古典形式逻辑。亚里士多德写了包括《范畴篇》《解释篇》《前分析篇》《后分析篇》《论辩篇》《辩谬篇》等在内的诸多论文，全面系统地研究了人类的思维及范畴和概念、判断、推理、证明等问题，这在西方逻辑学的历史上尚属首次。

在古代中国、印度和希腊，一些智慧之士已经意识到适当运用日常生活中语言或思维中存在的机巧、环节、过程的重要性，并开始对其进行反省与思辨，从而留下了许多为人们津津乐道的有趣故事。

白马非马

公孙龙，战国时期赵国人，曾经做过平原君的门客，名家的代表人物。其主要著作《公孙龙子》，是著名的诡辩学代表著作。其中最重要的两篇是《白马论》和《坚白论》，提出了"白马非马"和"离坚白"等论点,是"离坚白"学派的主要代表。

在《白马论》中,公孙龙通过三点论证证明了"白马非马"的命题。

其一:"马者,所以命形也;白者,所以命色也;命色者非命形也,故曰:白马非马。"公孙龙认为,"马"的内涵是一种哺乳类动物;"白"的内涵是一种颜色;而"白马"则是一种动物和一种颜色的结合体。"马""白""白马"三者内涵的不同证明了"白马非马"。

其二:"求马,黄、黑马皆可致。求白马,黄、黑马不可致……故黄黑马一也,而可以应有马,而不可以应有白马,是白马之非马,审矣。"在这里,公孙龙主要从"马"和"白马"概念外延的不同论证了"白马非马"。即"马"的外延指一切马,与颜色无关;"白马"的外延仅指白色的马,其他颜色则不行。

其三:"马固有色,故有白马。使马无色,有马如已耳。安取白马?故白者,非马也。白马者,马与白也,马与白非马也。故曰:白马非马也。"共相是哲学术语,简单地说就是指普遍和一般。"马"的共相是指一切马的本质属性,与颜色无关;"白马"的共相除了马的本质属性外,还包括了颜色。公孙龙意在通过说明"马"与"白马"在共相上的差别来论证"白马非马"。

公孙龙关于"白马非马"这个命题的探讨,符合同一性与差别性的关系以及辩证法中一般和个别相区别的观点,在一定程度上纠正了当时名实混乱的现象,有一定的合理性和开创性。

三支论式

印度的因明学一直和佛教联系在一起，事实上它的出现就是为了论证佛教教义。古印度最早的因明学专著《正理经》是正理派的创始人足目整理编撰的，《正理经》可说是因明之源。在《正理经》中，足目建立了因明学的纲要——十六句义（又称十六谛），即十六种认识及推理论证的方式。《正理经》几乎贯穿了整个印度的因明史，对印度因明学的发展意义重大。

陈那在印度逻辑史上是一位里程碑式的人物，他创立了新因明的逻辑系统，故被世人誉为"印度中古逻辑之父"。他在《因明正理门论》中提出了"三支论式"，认为每一个推理形式都是由"宗"（相当于三段论的结论）、"因"（相当于三段论的小前提）、"喻"（相当于三段论的大前提）三部分组成。比如：

宗：她在笑

因：她遇到了高兴的事

喻：遇到了高兴的事都会笑

逻辑思维的基本特征

人们通常说的思维是指逻辑思维或抽象思维。逻辑思维（logical thinking），是指人们在认识过程中借助概念、判断、推理等思维形式能动地反映客观现实的理性认识过程，又称理论思维。

它是人脑对客观事物间接概括的反映，它凭借科学的抽象揭示事物的本质，具有自觉性、过程性、间接性和必然性的特点。逻辑思维是人的认识的高级阶段，即理性认识阶段。只有经过逻辑思维，人们才能达到对具体对象本质的把握，进而认识客观世界。

逻辑学是逻辑思维的理论基础，逻辑思维正是在逻辑学理论的指导下进行的。所以，逻辑思维的基本特征与逻辑学的性质以及逻辑学的研究内容紧密相关。

就像声音是以空气作为媒介传播的一样，逻辑思维是通过概念、命题、推理等思维形式来传递信息和知识的。如果没有概念、命题、推理，逻辑思维就无法进行。这就像如果没有空气，声音就不能传播一样。可以说，正是概念、命题和推理成就了逻辑思维的意义。

1938 年，针对希特勒在德国的独裁统治，喜剧大师卓别林以此为题材写出了喜剧电影剧本《独裁者》，对希特勒进行了辛辣的讽刺。但是，就在电影将要开机拍摄之际，美国派拉蒙电影公司的人声称："理查德·哈定·戴维斯曾写过一出名字叫作《独裁者》的闹剧，所以他们对这名字拥有版权。"卓别林派人跟他们多次交涉无果，最后只好亲自登门去和他们商谈。最后，派拉蒙公司声称，他们可以以 2.5 万美元的价格将"独裁者"这个名字转让给卓别林，否则就要诉诸法律。面对对方的狮子大开口，卓别林无法接受。正在无计可施之际，他灵机一动，便在片名前加了一个"大"字，变成了《大独裁者》。这一招让派拉蒙公司瞠目结舌，却又无话可说。

卓别林就是通过混淆了概念的内涵和外延（即概念的属种问题）巧妙地解决了派拉蒙公司的赔偿要求。在属种关系中，外延大的、包含另一概念的那个概念，叫作属概念；外延小的，从属于另一概念的那个概念叫作种概念。比如语言和汉语，语言就是属概念，汉语则是种概念。"独裁者"和"大独裁者"是两个相容关系的概念。前者外延大，是为属概念；后者外延小，是为种概念。在这个事例中，"独裁者"便是"大独裁者"的属概念。可见，只有对概念的内涵与外延有了明确的认识，才能进行正确的逻辑思维。同时，命题的真假和推理结构关系的不明晰也会影响逻辑思维，在此不再一一举例。

逻辑思维以真假、是非、对错为目标，它要求思维中的概念、命题和推理具有确定性。也就是说，在进行逻辑思维时，概念在内涵和外延上的含义应该有确定性；命题的真假及对研究对象的推理判断也应该有确定性。遵循思维过程中的确定性的逻辑思维才是正确的逻辑思维，反之则是不合逻辑或诡辩。

逻辑学的研究对象是什么

提到逻辑学，就不能不提到亚里士多德。这位古希腊伟大的学者，也是世界历史上最伟大的学者之一，毕生都致力于学术研究，在修辞学、物理学、生物学、教育学、心理学、政治学、经济学、美学方面写下了大量著作。此外，他也是形式逻辑的事实性奠基者与开创者，由他建立的逻辑学基本框架沿用至今。亚里士多德认为，逻辑学是研究一切学科的工具。他也一直在努力把思维形式与客观存在联系起来，并按照客观存在来阐明逻辑学的范畴。他还发现并准确地阐述了逻辑学的基本规律，而这对后世的研究有着巨大影响。在经过弗朗西斯·培根、穆勒、莱布尼茨、康德、黑格尔等哲学家的研究、发展后，西方已经建立起了比较成熟完善的逻辑学研究体系。

我国是逻辑学的发源地之一，对逻辑学的研究在先秦时代就已经开始。但是，这些研究都是零散地出现于各派学者的著作中，并没有形成完整的体系，也没有得到更进一步的发展。所以，一般认为，逻辑学是西方人创立的。

简单地说，逻辑学就是研究思维的科学，包括思维的形式、内容、规律和方法等各个方面。有研究者曾这样定义逻辑学："逻辑学是研究纯粹理念的科学，所谓纯粹理念就是思维的最抽象的要素所形成的理念。"抽象就是从众多的事物中抽取出共同的、本质性的特征，而舍弃其非本质的特征。因此，有人认为逻辑学是最难学的，因为它研究的是纯抽象的东西，它需要一种特殊的抽象思维能力。实际上，逻辑学并没有想象的那么难，因为不管多么抽象，归根到底它研究的还是我们的思维，也就是说，我们的思维形式、思维方法和思维规律。

简单地说，思维就是人脑对客观存在间接的、概括的反映。既然是人脑对客观存在的反映，那就涉及反映的形式和内容的问题。也就是说，思维活动包括思维形式和思维内容两个方面。思维内容是指反映到思维中的各种客观存在，而思维形式则是指思维内容的具体组织结构以及联系方式。古人说"皮之不存，毛将焉附"，如果说思维内容是"皮"，思维形式就是"毛"，二者一起组成了"皮毛"。所以说，内容和形式不可对立起来，没有内容，就无所谓形式；没有形式，内容也无可表达。之所以花这么多篇幅说思维内容和思维形式的关系，就是要说明逻辑学其实就是对从思维内容中抽离出来的思维形式进行研究的。思维形式主要是指概念、判断、推理，也有研究者认为，假说和论证也是思维形式。比如：

（1）所有的商品都是劳动产品。

（2）所有的花草树木都是植物。

（3）所有的意识都是客观世界的反映。

这是三个简单的判断，即对"商品""花草树木""意识"这三种不同的对象进行判断，把它们分别归属为"劳动产品"、"植物"和"客观世界的反映"。它们虽然反映的思维内容各不相同，但是它们前后两部分的组织结构，也就是形式是相同的，即"所有……都是……"。如果用 P 表示前一部分内容，用 S 表示后一部分内容，就可以得到一个关于判断的逻辑结构公式：

所有 P 都是 S。

在逻辑学上，把上述这种最常见的判断形式称为逻辑形式，逻辑学研究的就是有着这种逻辑形式的逻辑结构。

对于推理，我们也可以用相同的方法推导出一个公式。比如：

（1）所有的商品都是劳动产品，汽车是商品，所以，所有的汽车是劳动产品。

（2）所有的花草树木都是植物，梧桐是树，所以，所有的梧桐是植物。

上述两例都是简单的推理过程，（1）是"汽车"、"商品"和"劳动产品"的推理过程，（2）是"梧桐"、"树"和"植物"的推理过程。二者反映的是不同的推理内容，但都包括三个概念，都是由三个判断构成的推理结构。如果用 S、P、M 表示三个概念，就可以得出下面的逻辑结构公式：

所有 M 都是 P

所有 S 都是 M
_____
所以，所有 S 都是 P

在逻辑学上，把这种常见的推理结构称为三段论推理的逻辑结构（或逻辑形式）。

在这里，涉及逻辑常项和逻辑变项两个概念。逻辑常项指思维形式中不变的部分，如"所有……都是……"这个结构；逻辑变项指思维形式中可变的部分，如"S"和"P"这两个概念。"S"和"P"可以是任意相应的概念，但"所有……都是……"

这个结构是固定的。

　　逻辑学研究的另两个对象是指思维方法和思维规律。其中，思维方法是指依靠人的大脑对事物外部联系和综合材料进行加工整理，由表及里，逐步把握事物的本质和规律，从而形成概念、建构判断和进行推理的方法。思维方法包括很多种，比如观察、实验、分析与综合、给概念下定义等等。对各种各样的思维方法进行研究，是逻辑学的主要任务之一。

　　在人们运用各种思维方法对各种思维形式进行研究的过程中，也就是在人们对客观存在反映在人脑中的思维形式进行研究探讨的过程中，逐渐总结出了一些规律性的、行之有效的规则，即思维规律。思维规律是人们根据长期思维活动的经验总结出来的，是人类智慧的结晶，也是人们在思维活动中必须遵循的、具有普遍指导意义的规则。在逻辑学中，思维规律主要指同一律、矛盾律、排中律和充足理由律。其中，同一律可以用公式"A 是 A"表示，它指在同一思维过程中，使用的概念和判断必须保持同一性或确定性；矛盾律可以用公式"A 不是非 A"，它指在同一思维过程中，对同一概念的两个相互矛盾的判断至少应该有一个是假的；排中律是指在同一思维过程中，对同一概念两个相矛盾的肯定与否定判断中必有一个是真的，即"A 或者非 A"；充足理由律是指在思维过程中，任何一个真实的判断都必须有充足的理由。凡是符合上述思维规律的，就是正确的、合乎逻辑的思想，反之则是错误的、不合逻辑的。

由此可见，思维形式、思维方法及思维规律构成了逻辑学的主要研究内容，是逻辑学的三大主要研究对象。

什么是逻辑思维命题

随着人类社会的发展，人们在实践的基础上认识了客观事物发展过程中的逻辑规律，于是出现了很多逻辑思维命题。

在公元前5世纪的古希腊曾经出现过一个智者哲学流派，他们靠教授别人辩论术吃饭。这是一个诡辩学派，以精彩巧妙和似是而非的辩论而闻名。其对自然哲学持怀疑态度，认为世界上没有绝对不变的真理。其代表人物是高尔吉亚，他有三个著名的命题：

（1）无物存在；

（2）即使有物存在也不可知；

（3）即使可知也无法把它告诉别人。

这就是逻辑思维命题。

逻辑思维命题是逻辑学家通过对人类思维活动的大量研究而设计的。逻辑思维命题有两个较为显著的特征：第一个就是抽象概括性，就是抛开事物发展的自然线索和偶然事件，从事物成熟的、典型的发展阶段上对事物进行命题；第二个就是典型性，具体来说就是离开事物发展的完整过程和无关细节，以抽象的、理论上前后一贯的形式对决定事物发展方向的主要矛盾进行概括命题。

古希腊哲学家苏格拉底、柏拉图、亚里士多德等人就是这方面的代表，他们构建了至今已有两千多年历史的形式逻辑思维框架。

苏格拉底认为自己是没有智慧的，声称自己一无所知，然而，德尔斐神庙的神谕说苏格拉底是雅典最有智慧的人。

苏格拉底在雅典大街上向人们提出一些问题，例如，什么是虔诚？什么是民主？什么是美德？什么是勇气？什么是真理？等等。他称自己是精神上的助产士，问这些问题的目的就是帮助人们产生自己的思想。他在与学生进行交流时从来不给学生答案，他永远是一个发问者。后来，他这种提出问题、启发思考的方式被称为"助产术"。

苏格拉底问弟子："人人都说要做诚实的人，那么什么是诚实？"学生说："诚实就是不说假话，说一是一，说二是二。"苏格拉底继续问："雅典正在与其他城邦交战，假如你被俘虏了，国王问：'雅典的城门是怎么防守的，哪个城门防守严密？哪个城门防守空虚？我们可从哪面打进去？'你说南面防守严密，北面防守疏松，可以从北面打进去。对你而言，你是诚实的，但你是一个叛徒。"学生说："那不行，诚实是有条件的，诚实不能对敌人，只能对朋友、对亲人，那才叫诚实。"苏格拉底又问："假如我们中有一个人的父亲已病入膏肓，我们去看他。这位父亲问我们：

'这个病还好得了吗？'我们说：'你的脸色这么好，吃得好，睡得好，过两天就会好起来。'你这样说是在撒谎。如果你坦白地告诉他：'你这病活不了几天，我们今天就是来告别的。'你这是诚实吗？你这是残忍。"学生感叹道："我们对敌人不能诚实，对朋友也不能诚实。"接着，苏格拉底继续问下去，直到学生无法回答，于是就下课，让学生明天再问。

这种提问方式引发的思维方法可以帮助我们更清楚地认识事物的本质，对人类思维方式的训练具有重要意义。我们学习了很多知识，自以为知道很多，每个人说起自己的观点都侃侃而谈。实际上，深究起来，很多观点都经不起推敲，我们需要更深入地思考。

第二章

概念思维

—— 贴标签，下定义，抓住事物的本质

什么是概念

概念是人们认识自然现象的一个枢纽，也是人们认识过程的一个阶段。从逻辑学的角度讲，概念是一种思维形式，而且是逻辑学首先需要研究的对象。如果说思维是一种生物，那么概念就是这种生物的细胞。概念是对客观存在辩证的反映，是主观性与客观性、共性与个性、抽象性与具体性的统一。同时，因为概念是可以相互转化的，所以概念也是确定性和灵活性的统一。

概念的含义

概念是人们在认识事物的过程中，对"这种事物是什么"的回答。通常，人们都认为概念是反映对象的本质属性的思维形式。而且，它所反映的是一切能被思考的事物。比如：

自然现象：日、月、山、河、雨、雪……

社会现象：商品、货币、生产力、国家、制度……

精神现象：心理、意识、思想、思维、感觉……

虚幻现象：鬼、神仙、上帝、佛……

上述事物虽然属于不同的现象和领域，但都是能够被思考的事物，所以都可以反映为概念。

要想真正理解概念的含义，就要特别注意"本质属性"这四个字。事物的属性有本质属性和非本质属性之分。本质属性是指决定该事物之所以为该事物并区别于其他事物的属性，是对事物本质的反映。非本质属性就是指对该事物没有决定意义的事物。概念就是对事物的本质属性的反映，非本质属性的反映就不是概念。比如：

（1）雪：由冰晶聚合而形成的固态降水。

（2）雪：一种在冬天飘落的白色的、轻盈的、漂亮的像花一样的东西。

上述两个关于"雪"的描述中，（1）反映了"雪"的本质属性，即固态降水；（2）虽然从时间、颜色、重量、形状各方面都对其进行了描述，但都是关于它非本质属性的描述，并没有反映出决定"雪"之所以为"雪"的本质属性，所以不能成为概念。再比如：

柏拉图曾经把"人"定义为没有羽毛的两脚直立的动物。于是他的一个学生就找来了一只鸡，把鸡的羽毛全拔掉，然后拿给他："没有羽毛、两脚直立的动物，看，这就是柏拉图的'人'！"

显然，柏拉图对"人"的定义并没有反映出"人"的本质属性，只是指出了一些外在形式上的区别，所以闹出了笑话。

概念的形成过程

概念的形成过程其实就是人的认识不断加深的过程。

人对事物的认识首先是感性认识，即人们在实践过程中，通过自己的肉体感官（眼、耳、鼻、舌、身）直接接触客观外界而在头脑中形成的印象。感性认识是对各种事物的表面的认识，一般都是非本质属性的认识。如柏拉图对"人"的定义便是感性认识。在感性认识的基础上，通过分析、综合、抽象、概括等方法对感性材料进行加工，从而把握事物的本质，才会形成理性的认识。理性认识就是对事物本质规律和内在联系的认识，具有抽象性、间接性、普遍性。理性认识是认识的高级阶段，概念一般也是在人的认识达到理性认识阶段的时候才得以形成的。在对"人"的定义上，便十分鲜明地显示了人们的认识逐渐深入的过程。

无名氏：人是会笑的动物。

柏拉图：没有羽毛的两脚直立的动物。

亚里士多德：人是城邦的动物。

荀子：人之所以为人者，非特以其二足而无毛也，以其有辩也。

马克思：人是一切社会关系的总和。

《现代汉语词典》：能制造工具并能熟练使用工具进行劳动的高等动物。

张荣寰：人的本质即人的根本是人格，人是具有人格（由身体生命、心灵本我构成）的时空及其生物圈的真主人。

从上面"人"的定义的演变过程来看，概念的形成过程便是人从感性认识逐渐上升至理性认识，从对事物的非本质属性到本质属性认识的过程。

概念的内涵和外延

有这么一则笑话：

老师：你最喜欢哪句格言？

杰克：给予胜于接受。

老师：很好。你从哪儿知道这句格言的？

杰克：我爸爸告诉我的，他一直都把这句话作为自己的座右铭。

老师：啊！你爸爸真是一个善良的人！他是做什么工作的？

杰克：他是一名拳击运动员。

我们都觉得这个笑话很好笑，但是或许并不太清楚它为什么好笑。也就是说，我们都是"知其然而不知其所以然"。从逻辑学的角度分析，这就涉及概念的内涵和外延的问题。杰克之所以闹出笑话，是因为他不明白"给予"这个概念的内涵，而概念明确是我们进行正确的思维活动的前提。

概念的内涵

我们讲过，概念就是人脑对客观世界的反映，或者客观世界反映在人脑中的印象。不过，这印象是客观事物的本质属性。概念的内涵，即概念的含义，就是概念所反映的对象的本质属性，或者说反映在概念中的对象的本质属性。事物的本质属性指的是事物的本质，它是一种客观存在，不以人的意志为转移。人只有透过现象才能看到事物的本质，而一旦对事物的本质的认识反映到概念中，就构成了概念的内涵。比如上面的笑话中"给予"一词的内涵是"使别人得到好处"或者"把好处给予别人"，杰克的错误就在于没有真正明白"给予"的确切内涵。

需要指出的是，客观存在的本质属性与概念的内涵是两个概念，不能等同起来。也就是说，概念的内涵是被反映到主观思维中的概念的含义，而不再是客观存在的本质属性。简单地说，就是如果客观存在的本质属性是镜子外面的事物，那么概念的内涵就是镜子外面的事物反映到镜子里的那个影像。被镜子反映的事物和镜子里的那个影像是两个层次的事物，被反映的对象和反映在头脑中的概念也是两个不同的层次。

概念的外延

概念的外延是指具有概念所反映的本质属性的所有事物，也就是概念的适用范围。用一个不太恰当的比喻就是，如果说概念的内涵是一座房子，那么概念的外延就是房子里的所有物品。概念的内涵是从概念的"质"的方面来说的，它表明概念反映的"是什么"；概念的外延是从概念的"量"上来说的，它表明概念反映的是"有什么"，即概念都适用于哪些范围。我们通过下面的表格便可以很清楚地明白这一点：

概念	概念的内涵	概念的外延
商品	用来交换的劳动产品	一切用来交换的劳动产品，比如手机、电脑、饮料、服装、书籍等
国家	经济上占统治地位的阶级进行阶级统治的工具	古今中外的一切国家，比如中国、美国、英国、德国、新加坡、古希腊等
学校	有计划、有组织地进行素质教育的机构	所有种类的学校，比如大学、高中、小学、幼儿园、职业培训学校等
语言	词汇和语法构成的系统，是人类交流思想的工具	世界上的一切语言，比如汉语、英语、俄语等

通俗地讲，概念的外延就是这个概念所包括的子类或分子。因为概念的外延有时候涵盖的范围是非常广泛的，对这些范围内的事物进行归类，就可以得到一个个"子类"，而"子类"中具体的对象就是"分子"。比如"学生"这个概念的外延是指所有学生，包括研究生、大学生、中学生、小学生等各个"子类"，而各"子类"中具体的学生就是"分子"。如果一个概念反映的不包括任何实际存在的"子类"或"分子"，这个概念就是虚概念或空概念。比如"上帝""鬼""花妖""永动机""绝对真空""人造太阳""圆的方"等概念反映的对象在现实世界是不存在的，所以这些都是空概念。

单独概念和普遍概念

为了更清晰、明确地研究、描述、使用概念，根据对概念的内涵和外延的不同特征，逻辑学对概念进行了划分，把具有相同特征的概念划分为一类。这种分类不仅便于人们理解和学习，也能更深入地分析概念的各种特征，进而用理论指导实践。

根据概念的外延的数量，可以把概念分为单独概念和普遍概念。在本节，我们先来讨论一下单独概念和普遍概念。

单独概念

单独概念是反映某一个别对象的概念，它的外延是由独一无二的分子组成的类。

从语言学的角度出发，可以用两种表现形式来表示单独概念：

1. 用专有名词表示单独概念

专有名词是特定的人物、地方或机构的名称，人名、地名、国家名、单位名、组织名等都是单独概念。比如：

表人物的单独概念：司马迁、曹雪芹、海明威、川端康成等；

表地点的单独概念：北京、郑州、首尔、好莱坞、香格里拉等；

表国家的单独概念：中国、美国、俄罗斯、西班牙等；

表组织的单独概念：联合国、非洲统一组织、上海合作组织等；

表节日的单独概念：中秋节、儿童节、感恩节、樱花节等；

表事件的单独概念：五四运动、康乾盛世、"光荣革命"等。

2. 用摹状词表示单独概念

摹状词是指通过对某一对象某一方面特征的描述来指称该对象的表达形式。它满足在某一空间或时间"存在一个并且仅仅存在一个"的条件。比如："《史记》的作者""世界上最长的河流""中华人民共和国成立的时间""杂交水稻之父""巴西第一位女总统"等等，都可以用来表示单独概念。

普遍概念

普遍概念是反映两个或两个以上的对象的概念。它与单独概念的最大区别就在于它的外延至少要包括两个对象，少于两个或没有对象的概念都不是普遍概念。

从语言学的角度出发，动词、形容词、代词、名词中的普通名词等都可以表示普遍概念。比如：

动词：逃跑、唱歌、运动、烹饪、写作等；

形容词：积极、勇敢、富裕、寒冷、漂亮等；

代词：他、她、它、他们等；

普通名词：人、商品、花、马、学生等。

从外延的可数与不可数的角度出发，普遍概念可以分为有限普遍概念和无限普遍概念。有限普遍概念是指其外延包括的对象在数量上是可数的，是有限量的，比如"国家""城市""高中"等；无限普遍概念是指其外延包括的数量是不可数的，是无限量的，比如"分子""学生""有理数""商品""颜色"等。

我们前面讨论了概念、类、子类和分子的关系，即概念可以分为各个"类"，"类"可以分为各个"子类"，"子类"则是由"分子"组成的。实际上，普遍概念就是对同一类分子共同特征的概括，因而属于这一"类"的所有子类或分子也一定具有这一"类"的属性。

实体概念与属性概念

依据反映的对象性质的不同，即所反映的是具体事物还是各种各样抽象的事物的属性，概念可分为实体概念和属性概念。

实体概念

亚里士多德认为实体是独立存在的东西，是一切属性的承担者，因此实体是独立的，可以分离。实体表达的是"这个"而不是"如此"。他还认为，实体最突出的标志就是实体是一切变化产生的基础，是变中不变的东西。这体现了他一定的唯物主义思想。

实体概念又叫具体概念，是反映各种具体事物的概念。实体概念的外延都是某一个或某一类具体的事物。从语言学的角度看，实体概念可以用名词或名词词组来表示。比如：

名词：城市、故宫、课本、教师、杨树、草地、长江等；

名词词组：好看的电影、趣味谜语、勇敢的战士、小桌子、红玫瑰等。

属性概念

属性概念又叫抽象概念，是反映事物某种抽象的属性的概念。这种抽象的属性既可以是事物本身的性质，也可以是事物间的各种关系。与实体概念反映的看得见、摸得着的具体事物相比，属性概念反映的属性则是看不见、摸不着的。比如：

事物本身的性质：公正、勇敢、坚强、善良、美丽、专心致志、得意忘形等；

事物之间的关系：友好、统治、敌对、等于、小于、包含、相容等。

正概念与负概念

正概念和负概念是根据其反映的对象是否具有某种属性来划分的。它们强调的不是这种属性"是什么",而是"有没有"这种属性。

正概念

正概念即肯定概念,是反映对象具有某种属性的概念。在思维过程中,人们遇到的大多数概念是正概念。比如,美好、优秀、温柔、漂亮、精致、坚毅等等,都是正概念或肯定概念。

不过,正概念反映的是对象具有某种属性的概念,与这种属性是什么并无关系。也就是说,它没有褒贬色彩,不管这属性是好是坏、是对是错,只要它有这种属性,就是正概念。因此,凶恶、卑鄙、落后、残暴、懒惰、危险等同样是正概念。

负概念

负概念即否定概念,是反映对象不具有某种属性的概念。负概念是相对于正概念而言的,相对于正概念的"有",负概念反映的是"没有"。比如:非正义战争、非本部门人员、不正当竞争、不合法、无轨电车、无性繁殖等都是负概念。

正概念和负概念的关系

正概念和负概念是相对而言的两个概念，但是它们有着一定的联系，也有着一定的区别。我们在研究或运用正概念和负概念的时候，对其联系和区别都要有准确的把握，以避免因相互混淆引起思维的混乱。

第一，正概念和负概念区别的关键点在于其反映对象有无某种属性。正如我们前面所说，正负概念的关注焦点不在于反映了什么样的属性，而在于有没有那种属性。比如，如果一个概念反映的对象具有"健康"这种属性，那么它就是正概念；如果它反映的对象不具有"健康"这种属性，即不健康，那它就是负概念。至于这种属性是"健康"或者还是别的什么特征并不重要。

第二，对同一个对象，反映的角度不同，它可以表现出不同的概念形式。也就是说，如果反映的某个对象具有某种属性，它就形成正概念；如果反映这同一个对象不具有另一种属性，它就形成负概念。实际上，这只是改变了这种属性的描述角度，使之分别具有了正、负概念所反映的属性。比如：

（1）施工工地的门口有块牌子，上面写着"施工队以外人员不得进入"。

（2）施工工地的门口有块牌子，上面写着"非施工人员不得进入"。

上面两句话中，（1）中的"施工队以外人员不得进入"与（2）中的"非施工人员不得进入"反映的是同一对象，但由于描述角度不同，所以前者是正概念，后者是负概念。再比如：

（1）你每天都是最后一个到的，真是落后！

（2）你每天都是最后一个到的，真是不先进！

上述两句话中，（1）中的"落后"与（2）中的"不先进"反映的也是同一对象，但前者是正概念，后者是负概念。

第三，要明确正、负概念尤其是负概念的内涵和外延，即论域。明确其论域，就是为了避免因概念的外延不确定而引起思维的混乱，也是为了避免有人利用论域不确定的漏洞钻空子。下面这个幽默故事中的 Peter 便是利用这一点狡辩的：

Peter 上学时忘了穿校服，被校长挡在了校门口。

校长："Peter，你为什么不穿校服？你不知道这是学校的规定吗？"

Peter 想了想，突然指着校门口的一块牌子说："校长先生，牌子上明明写着'非本校学生不得入内'。校服不是'本校学生'，所以我才没把它穿来。"

校长无奈，只得放 Peter 进了学校。

在这个故事中，"非本校学生"是"本校学生"的负概念，它的论域是"人"。但 Peter 故意曲解了这个概念的论域，将其扩大为"本校学生"以外的所有事物，即所有"人"和所有"物"，自然也就包括"校服"了。因此，他才钻了空子。

集合概念和非集合概念

在讨论集合概念和非集合概念前，需要先弄清楚类和集合体的区别。

我们前面讲过类和分子的关系，类是由分子构成的，它们是一般和特殊的关系。同属一个类的分子一般都具有这个类的属性，或者说类的属性也反映在它的每个分子中。请看下面的三组语词：

花：梨花、桃花、蔷薇、荷花、菊花、梅花等；

人：韩信、刘备、谢灵运、王勃、李白、唐伯虎等；

牛：黄牛、水牛、奶牛等。

上述三组语词中，"花""人""牛"都是类，其后的语词分别是它们各自的分子，这些分子也都具有它们所属类的属性。比如，"梨花""梅花"都具有"花"的属性。

但是，对于集合体来说，它所具有的属性则并不一定为构成它的每个个体所具有。或者说，集合体的属性并不反映在它的每一个个体上。比如"草地"和"草"、"森林"和"树木"、"数"和"整数"、"马队"和"战马"等都是集合体和个体的关系。但是后者并不一定具有前者的属性。比如，"草地"具有绿化环境、净化空气、防止水土流失、保持生物多样性等作用，但"草"没有；同样，"数"可以表示为"整数"，也可以表示为分数、小数等，但是"整数"并不具有"数"的性质。

集合概念和非集合概念的含义

集合概念和非集合概念是根据所反映的对象是否为集合体来划分的。

集合概念就是反映集合体的概念。通俗点说，集合概念反映的是事物的整体，即由两个或两个以上的个体有机组合而成的整体。集合体和个体的关系就是整体和部分的关系。部分不一定具有整体的属性，个体不一定具有集合体的属性。比如：北约、丛书、船队、苏东坡全集等都是集合概念。再比如：

（1）火箭队是一支实力强大的篮球队。

（2）《鲁迅全集》包括杂文集、散文集、小说集、诗集、书信、日记等。

上面两句话中，"火箭队"是个集合概念，具有"实力强大的篮球队"的属性，但不能说"火箭队"的每个队员都具有"实力强大的篮球队"的属性；同理，《鲁迅全集》所具有的全面性与丰富性也不是组成它的任何一个个体，即"杂文集""散文集""小说集""诗集""书信""日记"等所具有的。

非集合概念也叫类概念，是反映非集合体或者反映类的概念。可以说，非集合概念反映的是类与分子的关系。类与分子是具有属种关系的概念，分子都具有类的属性。比如：老师、学生、成年人、手枪等都是非集合概念。再比如：

（1）核武器是大规模杀伤性武器。

（2）我们学校的歌唱队都是艺术系的学生。

上面两句话中，"核武器"是个非集合概念，具有"大规模杀伤性武器"的属性，而组成"核武器"的每个分子同样也具有"大规模杀伤性武器"的属性；同理，"我们学校的歌唱队"是个非集合概念，具有"艺术系的学生"的属性，其中歌唱队的每个队员也都具有"艺术系的学生"的属性。

概念间的关系

考察概念间的关系，有助于我们正确地认识和使用概念。但要对概念间的所有关系进行全面考察，无疑是个浩大的工程。所以，我们在这里讨论的主要是概念的外延间的关系。不过，这种考察是要放在一定的范围或系统中来进行的。比如，你若要考察鲁迅和老舍在小说创作上的不同风格，就要把其放在"小说"这个范围或系统中才能比较。

概念的外延之间的关系总的来说有两种：相容关系和不相容关系。相容关系是指所考察的两个概念的外延至少有一部分是重合的，它主要包括同一关系、真包含关系、真包含于关系和交叉关系。不相容关系是指所考察的两个概念的外延是完全不重合的，它主要包括全异关系。在讨论这几种关系时，我们采用瑞士数学家欧拉创立的"欧拉图"来说明，以便更清晰、直观地区分这几种关系。

下面，我们先对相容关系进行分析。

同一关系

1. 含义

同一关系是指两个概念的外延完全相同或完全重合，也叫全同关系。我们假设有 S 和 P 两个概念，若 S 的全部外延正好是 P 的全部外延，也就是说 S 和 P 的外延完全相同或重合，则 S 和 P 就是同一关系，也叫全同关系。比如：

（1）《出师表》的作者（S）与诸葛亮（P）。

（2）郑州（S）与河南省的省会（P）。

（3）对角相等、邻角互补的四边形（S）与四条边相等的四边形（P）。

上面三组概念中，S 代表的概念和 P 代表的概念的外延完全相同或重合。比如"《出师表》的作者"的外延就是"诸葛亮"，"诸葛亮"的外延也是"《出师表》的作者"；"郑州"的外延是"河南省的省会"，"河南省的省会"的外延也是"郑州"；"对角相等、邻角互补的四边形"的外延是"四条边相等的四边形"，"四条边相等的四边形"的外延也是"对角相等、邻角互补的四边形"。所以，这三组概念都是同一关系。我们可以用欧拉图来表示同一关系，如图 1 所示：

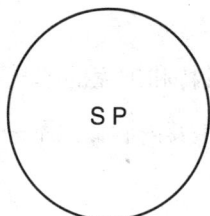

图 1

2. 特点

同一关系有几个主要特点，只有理解了这几个特点，才能正确把握同一关系。

首先，同一关系是指两个概念的外延完全重合，但是内涵不同。事实上，具有同一关系的两个概念只是从不同的角度去描述同一事物的属性，但它们的内涵却不相同。比如"郑州"的内涵是城市，"河南省的省会"的内涵是河南省政治、经济、文化中心。如果内涵与外延都重合了，那就不是同一关系，而是同一概念的不同表达方式了。比如：马铃薯和土豆、麦克风和话筒，虽然用的是不同的语词，但其内涵和外延都相同，所以不是同一关系。请看下面这则幽默故事：

露丝拒绝了杰克的求婚，但是露丝的朋友凯特却嫁给了杰克。

露丝参加凯特的婚礼时，凯特幸灾乐祸道："嘿，露丝，你看，现在杰克和我结婚了，你后悔吗？"

露丝微笑道："这没什么奇怪的，遭受爱情打击的人往往会做出蠢事。"

在这则故事中，"凯特和杰克的婚礼"与"蠢事"是外延完全相同的两个概念，但是其内涵显然不一样，所以这两个概念是同一关系。

其次，一般情况下，具有同一关系的两个概念是可以互换使用的。尤其是在文学创作中，适时换用具有同一关系的两个概念既可以避免重复，又可使行文更活泼生动。

再次，表示同一关系时，通常可以用这些具有标志性的词语，比如"……即……""……就是……""……也就是说……"等。

真包含关系和真包含于关系

在讨论真包含关系和真包含于关系前，我们先看一下属种关系和种属关系。

1. 属种关系和种属关系

我们前面讲过，在同一系统中，外延较大的概念叫属概念，外延较小的概念叫种概念。比如我们原来讲过的"独裁者"就是属概念，"大独裁者"就是种概念。外延较大的属概念和外延较小的种概念之间的关系叫作属种关系，反之则称为种属关系。

2. 真包含关系和真包含于关系

真包含关系是指一个概念的部分外延与另一个概念的全部外

延重合的关系。我们假设有 S 和 P 两个概念，如果 P 的全部外延是 S 的外延的一部分，也就是说 S 的外延包含 P 的全部外延，则 S 和 P 就是真包含关系。相反，真包含于关系则是一个概念的全部外延与另一个概念的部分外延重合的关系。我们同样假设有 S 和 P 两个概念，如果 S 的全部外延是 P 的外延的一部分，也就是说 P 的外延包含 S 的全部外延，则 S 和 P 就是真包含于关系。现在我们通过下面的表格来做比较：

真包含关系	真包含于关系
1. 花（S）和兰花（P）	A. 兰花（S）和花（P）
2. 小说（S）和《红楼梦》(P)	B.《红楼梦》(S) 和小说（P）
3. 马（S）和白马（P）	C. 白马（S）和马（P）

左列表格中，"花"的外延包含"兰花"的外延，而"兰花"的外延只是"花"的外延的一部分，"花"包含"兰花"，所以"花"与"兰花"是真包含关系，即 S 和 P 是真包含关系；在右列表格中，"兰花"的外延只是"花"的外延的一部分，而"花"的外延则完全包含"兰花"的外延，"兰花"包含于"花"，所以"兰花"与"花"是真包含于关系，即 S 和 P 是真包含于关系。其他例子也可以用同样的方法分析。我们可以用欧拉图来分别表示这两种关系，如图 2 和图 3 所示：

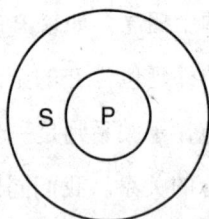 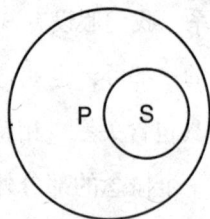

图2　　　　　　　　　图3

根据我们上面对属种关系和种属关系的分析，实际上真包含关系就是属种关系，真包含于关系就是种属关系，它们的表达虽然不同，但有着相同的特点。从形式上看，具有真包含关系的两个概念反过来就是真包含于关系，反之亦然。不过，不管是哪种关系，它们必须处在同一个系统里才能成立。

交叉关系

交叉关系是指两个概念的部分外延重合，或者说一个概念的部分外延与另一个概念的部分外延相重合。我们还假设有 S 和 P 两个概念，如果 S 有一部分外延与 P 的外延重合，另一部分不重合，而且 P 也有一部分外延与 S 的外延重合，另一部分不重合，则 S 和 P 就是交叉关系。比如：

（1）年轻人（S）和学生（P）

（2）完好的东西（S）和我的东西（P）

（3）营长（S）和中校（P）

上面三组概念中，S 代表的概念外延与 P 代表的概念外延在某一部分是重合的，同时又有一部分不重合。比如，"年轻人"有一部分是学生，有一部分不是学生，"学生"有一部分是年轻人，有一部分不是年轻人，二者只有一部分外延重合，所以它们是交叉关系。我们可以用欧拉图来表示这种关系，如图4所示：

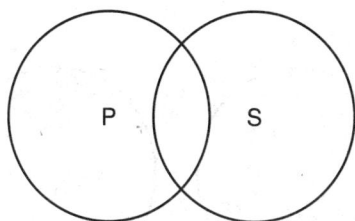

图 4

交叉关系与同一关系、真包含关系和真包含于关系的相同点在于其中至少一部分概念是重合的，不同点在于前者的两个概念的外延都只有一部分相互重合，而后三者则是其中一个概念的全部外延与另一个概念的全部或部分外延完全重合。

下面，我们开始分析不相容关系。

全异关系

不相容关系主要包括全异关系。全异关系是指两个概念的外延完全没有重合即没有任何一部分外延重合的关系。在分析全异关系前，我们仍假设有 S 和 P 两个概念。看下面两组概念：

（1）正当竞争（S）和不正当竞争（P）

（2）善良的人（S）和邪恶的人（P）

上面两组概念中，S 代表的概念外延与 P 代表的概念外延没有任何重合的部分，比如"正当竞争"就不包含"不正当竞争"的任何部分，反之亦然，所以二者是全异关系，即 S 和 P 是全异关系。我们可以用欧拉图来表示这种关系，如图 5 所示：

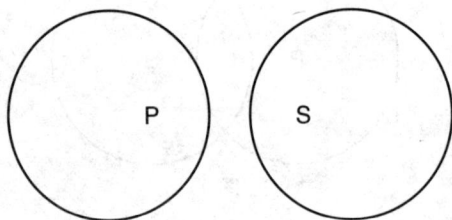

图 5

什么是定义

日常生活中，经常出现有关"定义"的情况。字典、词典里有给每个字、词下的"定义"，我们的课本里有许多概念的"定义"，你在写文章时可能用到"下定义"的说明方法，各类考试中也会有关于各种"定义"的考题，等等。那么，究竟什么是"定义"呢？从逻辑学的角度讲，"定义"也和"限制""概括"一样，是一种明确概念的逻辑方法。

定义的含义

定义是一种揭示概念内涵的逻辑方法。它通过简洁、明确、精练的语言对概念所反映的对象的本质属性来做解释或描述。通过对概念进行定义的方法，我们不仅可以明确概念的内涵，也可以使它与其他概念区别开来。比如：

（1）生产关系是人们在物质资料生产过程中所结成的社会关系。

（2）法律是国家制定或认可的，由国家强制力保证实施的，以规定当事人权利和义务为内容的具有普遍约束力的社会规范。

上面两句话就是"生产关系"和"法律"的定义，分别揭示了"生产关系"和"法律"这两个概念的内涵，即"社会关系"和"社会规范"，并将之与其他概念区别开来。

我们再看一下关于"生产关系"和"法律"的定义的描述方法，可以发现它们都分为三个部分：

（1）生产关系（第一部分）是（第二部分）人们在物质资料生产过程中所结成的社会关系（第三部分）。

（2）法律（第一部分）是（第二部分）国家制定或认可的，由国家强制力保证实施的，以规定当事人权利和义务为内容的具有普遍约束力的社会规范（第三部分）。

第一部分我们称为"被定义项"，即被揭示内涵的概念，用 Ds 表示；第三部分我们称为"定义项"，即用来揭示被定义项内涵的概念，用 Dp 表示；第二部分我们称为"定义联项"，即连接被定义项和定义项的概念。在现代汉语中，定义联项通常用"……是……""……即……""……就是……"等表示。

一个定义一般都由被定义项、定义联项和定义项三部分组成。从语法的角度分析，被定义项相当于一个句子的主语，定义联项相当于谓语，定义项则相当于宾语。因此，我们可以用下面的这个逻辑公式来表示定义，即：

Ds 是 Dp

定义的种类

总体来看，定义可以分为实质定义和语词定义。

1. 实质定义

实质定义就是揭示概念所反映的对象的本质属性的定义。比如：

（1）心理学是研究人和动物心理现象发生、发展和活动规律的一门科学。

（2）物质就是存在。

（3）马是一种哺乳类动物。

对概念进行定义的时候，一般采用属加种差法。但概念的内容是十分丰富的，在对其定义时可以从不同的方面进行，而不同的定义也是对概念所反映的对象的不同属性的描述。根据种差揭示的不同方式和内容，可对实质定义进行不同分类，即性质定义、发生定义、关系定义和功用定义。

以概念所反映的对象的性质为种差所做的定义叫性质定义。比如：

（1）逻辑学是研究逻辑的思维形式、思维规律和思维方法的科学。

（2）民事诉讼法是调整民事诉讼的法律规范。

在这里，"研究逻辑的思维形式、思维规律和思维方法"和"调整民事诉讼"就分别是"逻辑学"和"民事诉讼法"的性质。

以概念所反映的对象发生或形成过程为种差所做的定义叫发生定义。比如：

（1）三角形是由不在同一直线上的三条线段首尾顺次连接所组成的封闭图形。

（2）月食是当月球运行至地球的阴影部分时，因为在月球和地球之间的地区的太阳光被地球所遮蔽而形成的月球部分或全部缺失的天文现象。

以概念所反映的对象和其他事物之间的关系为种差所做的定义叫关系定义。比如：

（1）合数是除能被 1 和本数整除外，还能被其他数整除的自然数。

（2）速度就是位移和发生此位移所用时间的比值。

以概念所反映的对象的功用为种差所做的定义叫功用定义。比如：

（1）书是人类交流感情、取得知识、传承经验的重要媒介。

（2）手机是人们用来互通讯息的一种通信工具。

2. 语词定义

语词定义是说明或规定语词的用法或意义的定义。与实质定义相比，语词定义只是描述或解释概念的语词意义，并不直接揭示概念的本质属性。不过，对概念的语词意义进行定义，也有助于人们通过对语词意义的了解而了解概念的本质属性或者说概念的内涵。根据对语词不同形式的解释或描述，语词定义可分为说明的语词定义和规定的语词定义。

说明的语词定义是指对语词已有的意义进行说明的定义。比如：

（1）蒹葭：蒹，没有长穗的芦苇；葭，初生的芦苇。蒹葭就是指芦荻、芦苇。

（2）惯性就是物体保持其运动状态不变的属性。

规定的语词定义是指对语词表示的某种意义作规定性解释的定义。比如：

"六艺"是指礼、乐、射、御、书、数。

对于说明的语词定义和规定的语词定义之间的关系，我们需要注意以下几点：

第一，说明的语词定义是就某个语词的本来意义进行解释或说明，是以词解词；规定的语词定义是随着时代的发展或用词者的需要，给某个语词赋以规定性的意义。前者是固有的，后者是新生的。

第二，规定的语词定义主要是对新产生的语词加以明确规定，以让人们更清楚地了解这些语词，避免歧义。这种规定并不是随时随地可以任意进行的，而是要考虑实际需要和社会的认可度。一旦这种规定确定下来，就不能任意改变。

第三，在对语词进行说明性或规定性定义时，要注意对其意义进行准确把握，在用词上也要力求精确、简练，以免出现错误。

定义的规则和作用

通过对定义的含义的分析，我们知道了什么是定义；通过对定义的方法的分析，我们知道了如何对概念定义；通过对定义的种类的分析，我们知道了都有哪些类型的定义。

定义的规则

孟子曰："不以规矩，不能成方圆。"也就是说，不管是日常生活中的行为举止，还是在从事某些活动、研究时，都要遵循一定的规则。在给概念进行定义时，也要遵循一定的规则。只有在这些规则的指导下进行定义，才能尽量地避免错误，正确揭示概念的本质属性。

第一，定义时应当遵循相称原则，即定义项的外延与被定义项的外延要完全相等，具有同一关系。

被定义项是被揭示内涵的概念，定义项是用来揭示被定义项内涵的概念。二者的外延只有完全相等时，定义项才能准确地表示被定义项的内涵，才能让人们明白被定义项究竟具有什么属性。

定义过宽是指定义项的外延大于被定义项的外延。这时候，被定义项和定义项就由同一关系变成了真包含于关系。

看下面这道题：

《汉书·隽不疑传》中记载："每行县录囚徒还，其母则问不疑：有所平反，活几何人？"下列各项中哪项对"平反"的表述不正确？

A.平反是还历史一个真实的面目，还当事人一个公正的评价。

B.平反是对处理错误的案件进行纠正。

C.张三曾因罪入狱，后经调查发现他并没有参与盗窃，于是便无罪释放了。所以说，张三被平反了。

D.张三曾因罪被判刑五年，后经调查发现量刑过重，便减刑一年。所以说，张三被平反了。

一般来讲，在案件判决上，可能出现四种错判，即轻罪重判、重罪轻判、无罪而判和有罪未判。其中，对轻罪重判和无罪而判的案件的纠正可以叫平反，但是对重罪轻判和有罪未判的案件进行纠正则不能叫平反。因此，A、C、D三项都正确。B项中，定义项"处理错误的案件"显然包括重罪轻判和有罪未判，所以它的概念外延大于被定义项"平反"的外延，违反了定义相称的规则，犯了定义过宽的错误。

定义过窄是指定义项的外延小于被定义项的外延。这时候，被定义项与定义项就由同一关系变成了真包含关系。

看下面这则故事：

有人问阿凡提："阿凡提，最近有什么新闻吗？"

阿凡提说道："什么算新闻呢？"

那人答道："新闻就是比较离奇的、出人意料的、有刺激性的消息。"

阿凡提笑道："有啊！昨晚我梦到有只老鼠在咬你的脚。"

那人答道："你这算什么新闻啊？一点儿也不离奇。"

阿凡提又笑道："你的意思是，当我梦到你的脚在咬一只老鼠时才算离奇了？"

这个故事中，这个人对"新闻"的定义就犯了定义过窄的错误。被定义项"新闻"的外延既包括"比较离奇的、出人意料的、有刺激性的消息"，也包括新近发生的其他事。因此定义项"比较离奇的、出人意料的、有刺激性的消息"的外延小于被定义项的外延，成了被定义项外延的一部分，所以这个定义是不准确的。

第二，定义时应当遵循明确、清楚、精练的原则，不得使用含混不清、模棱两可的字句。

对被定义项进行定义就是使用最简洁、凝练的表达解释其含义，它的目的就在于明确、清楚地揭示被定义项的内涵。如果人们不能通过定义明白被定义项的内涵，或者得到的仍然是一个含混不清、模棱两可的内涵，那这个定义就是失败的定义，也就失去了它的意义。比如：

（1）生命是通过塑造出来的模式化而进行的新陈代谢。

（2）道德就是对人具有一定约束性质的行为规范。

上述两个定义中，虽然各自对"生命"和"道德"进行了定义，但（1）中"塑造出来的模式化"和（2）中"一定约束性质"都含混不清，让人不明所以。这种不符合明确、清楚的定义原则的现象就是"定义不清"或"定义模糊"。

第三，定义一般都使用肯定句式。

对被定义项进行定义是为了揭示它的内涵，也就是指出被定义项所反映的对象具有什么样的本质属性，说明这个概念"是什么"。所以定义一般使用肯定句式，即用正概念。而否定句式的定义一般只是说明被定义项"不是什么"或"没有什么"，也就是说只揭示被定义项所反映的对象不具有什么样的属性。比如，如果肯定句说"今天天气冷"，否定句则说"今天天气不热"。但"不热"的外延并不完全等于"冷"，它也可能是指天气比较凉爽。这就是否定句表达意义不确切的一面。再比如：

（1）曲线是动点运动时，方向连续变化所成的线。

（2）曲线就是不直的线。

（1）是用肯定句式对"曲线"进行定义的，（2）则是用否定句式对"曲线"进行定义的。（2）虽然指出了"曲线"的某些特征，比如"不直"，但却并没有指出"曲线"的本质属性。

不过，由于某些被定义项的特殊性，只有通过否定句才能准确揭示其内涵，这时候也可以使用否定句式。比如：

（1）无性繁殖是指不经生殖细胞结合的受精过程，由母体的一部分直接产生子代的繁殖方法。

（2）无党派人士是指没有参加任何党派、对社会有积极贡献和一定影响的人士。

诸如上述"无性繁殖""无党派人士"一类概念的定义，只有通过揭示其不具有某种属性才能明确、清楚地表达其含义，这时就可以使用否定句式。

第四，定义项不能直接或间接地包含被定义项。

"不能直接包含被定义项"就是说在对被定义项进行定义时，不能用被定义项本身去解释被定义项。比如，"成年人就是已经成年的人"这个定义中，定义项中直接包含了被定义项，用"已经成年的人"来解释"成年人"，最终也没说清楚到底怎样才是"成年"。这就好像《三重门》中的"林雨翔"向人介绍自己的名字怎么写时说："林是林雨翔的林，雨是林雨翔的雨，翔是林雨翔的翔。"说来说去还是没有说清楚这三个字怎么写。这种定义项直接包含被定义项的现象就是"同语重复"。

"不能间接包含被定义项"就是说在对被定义项进行定义时，

定义项中不能有用被定义项来解释或说明的部分，即定义项不能与被定义项互相定义。比如，"不正当竞争就是正当竞争的反面，正当竞争就是不正当竞争的反面"这个定义中，定义项与被定义项互相定义，最终也没有说清楚到底什么是"正当竞争"和"不正当竞争"。这种定义项间接包含被定义项的现象就是"循环定义"。

第三章

判断思维

—— 你认为正确的，不一定是正确的

什么是判断

我们经常遇到"判断"这个词，但在不同的语境中，"判断"也有着不同的含义。比如：

雨村便徇情枉法，胡乱判断了此案。（判决）

金鱼玉带罗襕扣，皂盖朱幡列五侯，山河判断在俺笔尖头。（欣赏）

父爱也一样的，倘不加判断，一味从严，也可以冤死了好子弟。（分析）

上述三个例子分别使用了"判断"三个不同的意思。不过，我们即将探讨的"判断"与这日常所见的"判断"有所不同。在逻辑学中，判断是一种常用的逻辑方法。

判断的含义

作为逻辑学中最基本的思维形式之一，判断是推理的基础，也是对已有概念的运用。概念是反映对象本质属性的思维形式，如果概念仅止于概念，就无法发挥它的作用。只有运用概念进行判断，才能实现概念的最终意义。判断就是对思维对象有所断定的思维形式。比如：

（1）天气很晴朗。

（2）鲁迅是伟大的无产阶级的文学家、思想家、革命家，是中国文化革命的主将。

（3）他不是我们的朋友。

上述三个判断中，（1）就是运用了"天气""晴朗"这两个概念进行的判断；（2）和（3）也是运用已经形成的概念做出的判断。虽然（1）（2）是肯定句、（3）是否定句，但都是人们对思维对象做出的一种断定。

实际上，不管是在认识事物的过程中，还是在思维、研究某一对象的过程中，抑或在日常表达、交流过程中，人们都要用到判断。可以说，判断是人们进行正常的思维活动的基础和必要条件。南宋俞文豹《吹剑录》中载：

东坡在玉堂日，有幕士善歌，因问："我词何如柳七？"对曰："柳郎中词，只合十七八女郎，执红牙板，歌'杨柳岸，晓风残月'。学士词，须关西大汉，铜琵琶，铁绰板，唱'大江东去'。"东坡为之绝倒。

这则故事中，幕士做了两个判断：

（1）对柳永词风的判断：柳郎中词，只合十七八岁女郎，执红牙板，歌"杨柳岸，晓风残月"。

（2）对苏轼词风的判断：学士词，须关西大汉，铜琵琶，铁绰板，唱"大江东去"。

随着人们实践的深入，当把对事物的某种判断结果作为一种普遍认识固定下来后，它就可以成为人们认识事物或进行其他判断的标尺，并反过来指导人们的思维活动。

判断的特征

第一，判断就是对思维对象有所肯定或否定。

我们上面举的三个例子中，"天气很晴朗"和"鲁迅是伟大的无产阶级的文学家、思想家、革命家，是中国文化革命的主将"这两个判断用的是肯定句，分别表示"天气"具有"晴朗"的属性、"鲁迅"具有"无产阶级的文学家、思想家、革命家和中国文化革命的主将"的属性，是对其做的肯定式断定，我们称为肯定判断。所谓肯定判断，就是断定思维对象具有某种属性的判断。比如：

（1）这是本很好看的书。

（2）水结成冰是一种物理反应。

上述两个判断中，（1）肯定了"书"具有"好看"的属性，（2）肯定了"水结成冰"具有"物理反应"的属性，所以都是肯定判断。

我们上面举的三个例子中，"他不是我们的朋友"这个判断用的是否定句，表示"他"不具有"我们的朋友"的属性，是对其做的否定式断定，我们称为否定判断。所谓否定判断，就是断定思维对象不具有某种属性，或者否定思维对象具有某种属性的判断。

第二，任何判断都有真有假。

马克思主义哲学告诉我们，认识作为人脑对客观存在的反映，正确反映客观存在的就是正确的认识；错误反映客观存在的就是错误的认识。判断是一种思维形式，也是对客观存在的反映，因此也有对错之别。正确反映客观存在、符合实际情况的判断就是真判断。比如：

（1）我国有四个直辖市，即北京、上海、天津和重庆。

（2）《红楼梦》是一部具有高度思想性和艺术性的伟大作品。

上述两个判断都是符合实际情况的判断，都属于真判断。

相反，错误反映客观存在、不符合实际情况的判断就是假判断。比如：

（1）六书是指象形、指事、会意、形声、转注、反切。

（2）开封被称为"六朝古都"。

上述两个判断中，（1）中的"反切"是汉字注音的方法，而不是造字法，不属于"六书"之列，所以该判断是假判断；（2）中的"开封"曾作为战国时期的魏，五代时期的后梁、后晋、后汉、后周以及北宋和金七个朝代的都城，被称为"七朝古都"，所以该判断也为假判断。

判断的第二个特征便是指任何判断都有真假之分，这是根据判断是否正确反映了客观存在、是否符合实际情况来分别的。不管是真是假，都是对思维对象做出的一种断定，因而都是判断。

了解了判断的含义和特征，我们便可以对思维对象做出自己的判断。要对其做出真判断，除了正确认识客观存在、了解实际情况外，还要坚持"实践是检验真理的唯一标准"的原则，通过实践指导自己的判断。这样才能做出正确的判断，并尽可能地避免错误的判断。

判断与语句

我们曾经分析过思维形式和思维内容的联系。判断与语句的关系与思维形式和思维内容的关系一样，也是既相互联系，又相互区别。

判断与语句的联系

语句是一种语言形式，判断是一种思维形式。判断只有通过语句才能表达出来，语句是判断的表达形式，而判断则是语句的思想内容。没有语句，判断就没了凭借，也就无法实现判断的意义。比如：

这杯茶是热的。

他是一个善良的人。

上述判断只有通过语句这种语言形式才能表现出来，而语句也承载着判断需要表达的思想内容，人们是通过语句这种形式了解判断所表达的内容的。

判断与语句的区别

第一，判断与语句属于不同的学科领域。

判断是逻辑学研究的范畴，对判断的运用要符合一定的逻辑规则，对判断的研究要在一定的逻辑规律的框架下进行；语句则属于语言学研究的范畴，对语句的运用和研究要遵循一定的语言规则和语言规律。

第二，判断与语句有着不同的形态特征。

判断是最基本的逻辑思维形式之一，属于精神形态的范畴；语句则是一种语言形式，属于物质形态的范畴。

第三，判断与语句并非一一对应，同一语句可以表达不同的判断，同一个判断也可以用不同的语句来表达。

第四，判断都要通过语句来表达，但并非所有语句都表达判断。

1. 一般来讲，陈述句、反问句可以表达判断，疑问句、祈使句、感叹句则不表达判断。比如：

（1）逻辑学是一门很有意思的学科。

（2）难道你不是因为我才美丽？

（3）那是你的书吗？

（4）过来！

（5）上帝啊！

上述五个语句中，作为陈述句的语句（1）和作为反问句的语句（2）都表达了一种判断；但是，疑问句（3）、祈使句（4）

和感叹句（5）因为并没有对任何对象做出断定，所以都没有表达判断。再看下面这则幽默：

她含羞低头，面如桃花。

我喜不自胜，柔柔地问："你真的喜欢我？"

她的脸越发红了，小声说道："你猜！"

我心中更喜，脱口而出："喜欢！"

她头更低，脸更红，声音更小："你再猜！"

这则故事中有陈述句、疑问句、祈使句。其中，陈述句有：

（1）她含羞低头，面如桃花。（2）我喜不自胜。（3）她的脸越发红了。（4）我心中更喜。（5）她头更低，脸更红，声音更小。

依据判断对思维对象有所肯定或否定的特征，可知这五个句子均表判断。

故事中还有两个祈使句：

（1）你猜！（2）你再猜！

祈使句（1）只是表达一种命令性的口气，但并没有对思维对象有所断定的意思，所以它不表达判断；祈使句（2）看上去虽然只比（1）多了一个"再"字，但其意义却不相同。在这个特定的语境中，"你再猜"的潜在台词就是"你刚才猜错了"，这实际上就是在对"我"所猜的"喜欢"的一种否定，因此该句也表判断。需要指出的是，如果不是在这特定的语境中，而是单独出现的"你再猜"三个字，则不表达判断。

故事中还有一个省略句，即：

"喜欢！"

从语言学的角度讲，如果只是单独的"喜欢"这个词，那它不是句子，只是一个词语，也就不能表判断。但是在这个特定的语境中，"喜欢"是一个省略句，它的全句应该是"我猜你喜欢我"。虽然是一种猜测，但也是对思维对象的一种肯定，因此该句也表判断。

2. 有些疑问句、祈使句、感叹句也表达判断。

我们前面说疑问句、祈使句和感叹句一般不表达判断，但这并不表示所有的疑问句、祈使句和感叹句都不表达判断。事实上，反问句就是疑问句的一种，但反问句表判断。而祈使句表判断的例子，我们在上面的故事中也谈到了。所以，有些疑问句（主要是指反问句）、祈使句和感叹句也可以表达判断。比如：

（1）禁止醉酒驾车！

（2）闲人免进！

（3）你真是太漂亮了！

（4）黄河啊，我的母亲！

上述几个语句中，前两句是祈使句，后两句是感叹句。语句（1）"禁止醉酒驾车"已经表明了对醉酒后不准驾车的断定，语句（2）也是对闲人不许进入的一种断定，因此这两个语句都表判断；语句（3）虽然是表欣赏的感叹句，也是对其"漂亮"这个属性的一种肯定；语句（4）潜在的意思即"黄河就是母亲"，这也是一种断定。所以后两句感叹句也表判断。当然，至于判断的真假则需根据实际情况来判断，比如语句（1）就是真判断。

由此可见，有些语句是直接对事物表达判断的，比如大多数陈述句、反问句等，这就是直接判断；有些语句则并不直接对事物表判断，而是把这种判断隐藏在语句中，比如大多数祈使句、感叹句等，这就是间接判断。

第五，判断与语句结构不同。

以直言判断为例，比如，"有的祈使句是表达判断的"，这个直言判断由主项（祈使句）、谓项（表达判断的）、量项（有的）和联项（是）四部分组成；但作为语句，它则由主语（有的祈使句）、谓语（是表达判断的）等语法成分组成。

总之，在思维或表达过程中，只有清楚判断和语句的区别与联系，才能更好地理解、运用语句和判断。

结构歧义

歧义现象我们都不陌生。有时候歧义会让人们如坠云雾，不明所以；有时候人们则会因歧义闹出笑话；有时候歧义也可能造成比较严重的后果。造成歧义的原因很多，我们在这里主要讨论的是结构歧义。

什么是结构歧义

在讨论结构歧义前，我们先来看下面几个歧义句：

（1）我要炒鸡蛋。

（2）他看错了人。

（3）他一天就写了 6000 字。

句（1）中，若"炒"为形容词，"炒"修饰"鸡蛋"，表示我要"炒鸡蛋"这个菜；若"炒"为动词，"鸡蛋"就是"炒"的宾语，表示我要自己来"炒"鸡蛋。这是因为词类不同造成的歧义。

句（2）中，若"看"表示视线接触人或物的意思，这句话就是说他眼神不好，认错了人，把 A 当作 B 了；若"看"表示"判断"的意思，这句话就是说他眼光不好，把此种人当成了彼种人。这是因为一词多义造成的歧义。

句（3）中，若轻读"就"字，就是说他的速度很快，短短一天的时间就写了 6000 字；若重读"就"字，则说明他工作效率低，整整一天才写了 6000 字。这是口语中读音轻重不同造成的歧义。

上述三种歧义都是由词语引起的理解上的歧义，不同于我们说的"结构歧义"。结构歧义是指一个句法结构可以做两种或两种以上的分析，表达两种或两种以上的意义。从逻辑学上讲，结构歧义是指语句在表达判断时，由于语法结构的不确定或不明晰而引起的判断歧义。

结构歧义的类型

一般来讲，结构歧义可以分为三种。

1. 结构层次不同引起的歧义

如果一个句法结构内部包含了不同的结构层次，就可能产生结构歧义。对于这种结构歧义，我们可以采用层次分析法来分析。比如：

(1) 关心企业的员工 　　　　 (2) 关心企业的员工

　　|—偏正关系—| 　　　　　　　　|—动宾关系—|

　　　　|—动宾—| 　　　　　　　　　　|—偏正—|

通过层次分析可知，这个短语可以有两种理解：(1)|关心企业的|员工|，即员工很关心自己所在的企业；(2)|关心|企业的员工|，即我们要关心企业里的员工。这就是结构层次的不同引起的歧义。再比如：

(1) 这桃子不大好吃。

(2) 这是两个解放军抢救国家财产的故事。

从逻辑学角度讲，句(1)按不同的层次划分可以得出两种判断，即"这桃子 |不大好吃"和"这桃子不大 |好吃"。这后一个判断便是逻辑学中的联言判断。句(2)也可以通过不同的划分得出两种判断，一是说这是两个故事，故事的内容讲的是解放军抢救国家财产的事；二是说这是一个故事，故事讲的是两个解放军抢救国家财产的事。

2. 结构关系不同引起的歧义

所谓结构关系就是通过语序和虚词反映出来的各种语法关系，比如主谓关系、动宾关系、偏正关系等。有时候，同一结构层次可能包含不同的结构关系，而结构关系的不同又引起了短语或句子的歧义。比如：

进口汽车　　　学习文件

这两个短语层次并不麻烦，都可以这样划分：进口 | 汽车；学习 | 文件，但是每个短语都有着两种结构关系，因此容易引起歧义。"进口汽车"可以是动宾短语，指从国外进口汽车；也可以是偏正短语，指进口的汽车。"学习文件"可以是动宾短语，指去学习某个文件；也可以是偏正短语，指供人们学习的文件。

3. 语义关系不同引起的歧义

所谓语义关系是指隐藏在显性结构关系后面的各种语法关系，通常表现为施事（指动作的主体，也就是发出动作或发生变化的人或事物）和受事（受动作支配的人或事物）之间的关系。有时候，在结构层次和结构关系均不引起歧义的情况下，语义关系的不同，或者说施事和受事关系的不确定、不明晰也会引起歧义。比如：

（1）通知的人

（2）巴金的书

短语（1）中，"通知的人"可以是施事，比如我接到了小李的通知，那小李就是"通知的人"；也可以是受事，即被通知的人。短语（2）中，"巴金的书"可以指巴金拥有的书，也可以指巴金写的书。这就是语义关系不同引起的歧义。再比如：

（1）这位老人谁都可以接待。

（2）这个人连我都不认识。

句（1）中，"老人"为施事时，可理解为"老人"可以接待任何人；"老人"为受事时，则指任何人都可以接待"老人"。句（2）中，"这个人"为施事时，是指他不认识"我"；"这个人"为受事时，是指"我"不认识他。

有时候，单独看一个句子时，可能有结构歧义，但放在一定的语境中就不会引起歧义。所以，特定的语境一般可以消除结构歧义。若是在一定的语境中仍然会因结构层次、结构关系或语义关系引起歧义，就需要对其进行修改了。

直言判断

根据判断中是否包含模态词（即反映事物的必然性、可能性的"必然""可能"等词）可将判断分为模态判断和非模态判断。其中，模态判断是指断定事物可能性和必然性的判断，包括必然模态判断（或必然判断）和可能模态判断（或可能判断）。根据非模态判断中是否包含其他判断，可将其分为简单判断和复合判断。根据复合判断中包含的联结项的不同，可将其分为联言判断、选言判断、假言判断和负判断。根据断定的是对象的性质还是对象间关系，可将简单判断分为直言判断和关系判断。直言判断和关系判断也可以进行更细致的划分，我们后面会做详细介绍，在此不再赘述。

直言判断就是直接断定思维对象具有或不具有某种性质的判断，所以也叫性质判断。直言判断是简单判断的一种，具有简单判断的性质，即判断中不包括其他判断。比如：

（1）所有的孩子都是天真的。

（2）凡是领导说的话都是对的。

（3）有的老师不是教授。

（4）任何事物都不是静止的。

上述四个判断中，（1）（2）都是断定对象具有某种性质的判断，（3）（4）都是断定对象不具有某种性质的判断。其中，（1）断定"孩子"具有"天真"的性质;（2）断定"领导说的话"具有"对"的性质;（3）断定"有的老师"不具有"教授"的性质;（4）断定"任何事物"不具有"静止"的性质。这四个判断中都是直接断定对象具有或不具有这些性质的，而且除此之外这些判断都不包含其他判断，所以它们都是直言判断。

直言判断是由逻辑变项（即主项和谓项）和逻辑常项（即联项和量项）组成的。

1. 主项

在前面所举的四个判断中，"孩子""领导说的话""老师""事物"都是主项。由此可知，主项就是判断中被断定的对象，或者说是反映思维对象的那个概念。逻辑学中，主项通常用"S"表示。比如：

（1）小王是个电视迷。

（2）这个网站不是英语网站。

上述两个直言判断中，"小王"和"这个网站"都是主项。

一般来讲，任何直言判断都是有主项的。不过有时候，尤其是在一定的语境中，根据上下文的提示，主项也可省略。比如：

"听说来了远客，是哪位啊？"

"黛玉。"

这组对话中，因为有上下文的提示，所以在回答时就省略了主项"远客"，完整的表达应该是"远客是黛玉"。

2.谓项

在前面所举的四个判断中，"天真的""对的""教授"和"静止的"都是谓项。由此可知，谓项就是指判断中被断定的对象具有或不具有某种性质的概念，或者说是反映思维对象属性的那个概念。逻辑学中，谓项通常用"P"表示。仍以上面两个判断为例：

（1）小王是个电视迷。

（2）这个网站不是英语网站。

在这两个直言判断中，"电视迷"和"英语网站"都是反映被断定的对象属性的概念，所以都是谓项。

同主项一样，谓项有时候也可省略。比如：

"小兵张嘎是个小英雄，还有谁是小英雄？"

"雨来。"

这组对话中，在回答时省略了谓项"小英雄"，完整的表达应该是"雨来也是小英雄"。

3. 联项

在前面所举的四个判断中，"是"和"不是"都是联项。由此可知，联项就是联结主项和谓项的那个概念，或者说联项是表示被断定的对象和其性质间关系的那个概念。一般来讲，联项只包括"是"和"不是"两个。其中，"是"是肯定联项，它表示思维对象具有某种性质；"不是"是否定联项，它表示思维对象不具有某种性质。

在判断或表达时，有时也可以省略联项。在"主项"和"谓项"中所举的两组对话中，答语（即"黛玉"和"雨来"）实际上都省略了联项"是"。再比如：

（1）尼罗河，世界第一长河。

（2）林黛玉才貌双全，多愁善感。

上面这两个直言判断都省略了联项"是"，完整的表达应该是：

（1）尼罗河是世界第一长河。

（2）林黛玉是才貌双全、多愁善感的人。

4. 量项

在前面所举的四个判断中，"所有的""凡是""有的"和"任何"都是量项。由此可知，量项是表示主项（或被断定对象）的数量或范围的概念。量项一般置于主项之前，从语言学角度上讲，量项对主项起修饰限定的作用。在前面所举的四个判断中，"所有的""凡是""有的"和"任何"这四个量项都在主项前。不过，量项也可放在主项之后、联项之前，比如在前面四个判断中，（1）（2）（4）联项前都用了"都"字，这实际上就是量项。

关系判断

马克思主义哲学认为，世界上没有完全孤立存在的事物，一切事物都处在普遍联系中。在逻辑学中，关系判断就是研究事物之间关系的一种判断。

关系判断的含义

关系判断就是断定思维对象之间是否具有某种关系的判断。比如：

（1）梁山伯与祝英台是一对恋人。

（2）张明和李明是同学。

（3）所有的梁山好汉与宋江都是兄弟。

上述三个判断中，（1）断定"梁山伯"与"祝英台"具有"恋人"关系；（2）断定"张明"与"李明"具有"同学"的关系；（3）断定"所有的梁山好汉"与"宋江"具有"兄弟"的关系。所以这三个判断都是关系判断。

断定思维对象之间具有某种关系时，是关系判断；同样，断定思维对象之间不具有某种关系时，也是关系判断。我们看《世说新语》中记载的一个故事：

管宁、华歆共园中锄菜，见地有片金，管挥锄与瓦石不异，华捉而掷去之。又尝同席读书，有乘轩冕过门者，宁读如故，歆废书出看。宁割席分坐，曰："子非吾友也。"

这就是著名的"割席断交"的故事。在这个故事中，有两个关系判断：

（1）华歆与管宁是朋友。

（2）华歆与管宁不是朋友。

判断（1）中断定"华歆"与"管宁"具有"朋友"的关系，所以是关系判断；判断（2）中断定"华歆"与"管宁"不具有"朋友"的关系，也是关系判断。

需要注意的是，只有对思维对象之间的关系进行断定才是关系判断，若没有断定则不是关系判断。比如：

那两个人是王磊和李欣。

这个判断中虽然也包括两个思维对象，即"王磊"和"李欣"，但并没有断定他们具有或不具有某种关系，因此不是关系判断。

联言判断

联言判断的含义

根据复合判断中包含的联结项的不同，可将其分为联言判断、选言判断、假言判断和负判断。所谓复合判断，就是由联结词连接的两个或两个以上的简单判断（包括直言判断和关系判断）有机组合而成的判断。这些组成复合判断的简单判断叫肢判断，联结词就是联项。所以，简单地说，复合判断就是由联结词和肢判断组成的判断。比如：

（1）虽然他取得了很大的成就，但他行为处世依然很低调。

（2）他有点儿不舒服，可能是感冒，也可能是太累了。

（3）假如给我三天光明，我将好好观察这个世界。

（4）并非所有人都害怕鬼。

以上四个判断都是复合判断，依次为联言判断、选言判断、假言判断和负判断。

联言判断是复合判断的一种。所以，联言判断具有复合判断的基本特征。也就是说，联言判断也包括两个或两个以上的简单判断，也有联结词。联言判断是复合判断，复合判断并非都是联言判断，因为联言判断也有着自己的一些特征。比如：

（1）她很年轻，并且也很漂亮。

（2）狄仁杰不但善于探案，而且能于治国。

（3）主演不是陈道明，而是陈宝国。

这三个联言判断中，（1）断定"她"既年轻，又漂亮；（2）断定"狄仁杰"既是神探，又有治国之能；（3）断定"主演"不是陈道明，而是陈宝国。也就是说，每个联言判断都是对其所反映的事物或对象存在情况的一种断定。

因此，我们可以得出，所谓联言判断就是断定几种对象或事物情况同时存在的复合判断。

联言判断的结构

联言判断是由联言肢和联言联结词组成的。

1. 联言肢

第一，联言肢就是组成联言判断的各简单判断，换言之，联言肢就是组成联言判断的各肢判断。以上面三个联言判断为例：判断（1）中包括"她很年轻"和"她很漂亮"两个联言肢；判断（2）中包括"狄仁杰善于探案"和"狄仁杰能于治国"两个联言肢；判断（3）中包括"主演不是陈道明"和"主演是陈宝国"两个联言肢。在逻辑学中，联言肢一般用小写字母"p""q""r"等来表示。

第二，组成联言判断的联言肢可以是直言判断，也可以是关系判断。联言判断是由简单判断组成的复合判断，而简单判断又包括直言判断和关系判断，所以联言肢既可以是单独的直言判断或关系判断，也可以同时包括直言判断和关系判断。比如：

《非诚勿扰 Ⅱ》与《非诚勿扰》是姊妹篇，是一部好看的电影。

这个联言判断中，包括两个联言肢，一个是直言判断"《非诚勿扰 Ⅱ》是一部好看的电影"，一个是关系判断"《非诚勿扰 Ⅱ》与《非诚勿扰》是姊妹篇"。

第三，为了表达上的简洁，有些时候，联言判断可以适当省略各联言肢共有的语法成分。比如：

他是一个学识渊博、思维缜密的人。

这个联言判断包括两个联言肢，即"他是一个学识渊博的人"和"他是一个思维缜密的人"。为了避免重复，省略了主语成分"他"和谓语成分"是"以及数量词"一个"。

第四，联言肢是联言判断中的逻辑变项，可以随实际需要而改变。

2. 联言联结词

在联言判断中，联结词就是联结各联言肢的词项，它反映了各联言肢的关系，也叫联言联结词。联言判断中经常使用的联结词有"并且""不但……而且……""既……又……""虽然……但是……""不是……而是……""一方面……另一方面……""是……也是……""不仅……而且（也）……"等。其中，"并且"构成联言判断比较重要的联结词。

3.联言判断的逻辑形式

联言判断的逻辑形式是：p 并且 q，即 p ∧ q。

其中，"∧"是"合取"之意，因此，联言肢 p 和 q 又被称为合取肢。比如，"她很年轻，并且也很漂亮"就可表示为"p 并且 q"；"狄仁杰不但善于探案，而且能于治国"可以表示为"不但 p 而且 q"。

充分条件假言判断

假言判断的含义

作为复合判断的一种，假言判断也具有复合判断的特征，即由两个或两个以上的肢判断和联结词组成。与断定几种事物情况同时存在的联言判断不同，假言判断是断定某一事物情况的存在是另一事物情况存在的条件的判断。也就是说，假言判断研究的是事物间的条件关系。比如：

（1）如果你病了，就会不舒服。

（2）只有具备了天时、地利和人和，我们才能取胜。

（3）当且仅当两条直线的同位角相等，则两直线平行。

上述三个判断中，判断（1）断定了"生病"是"不舒服"的条件，只有"生病"这个条件存在，"不舒服"才存在；判断

（2）断定"具备天时、地利和人和"是"取胜"的条件，只有"天时、地利和人和"这个条件存在，"取胜"才存在；同理，判断（3）中"两条直线的同位角相等"也是"两条直线平行"存在的条件。因此，这三个判断都是假言判断。

根据反映条件关系的不同，假言判断可以分为充分条件假言判断、必要条件假言判断和充分必要条件（或充要条件）假言判断。

充分条件假言判断

1. 充分条件假言判断的含义

充分条件假言判断就是断定某一事物情况（前件）是另一事物情况（后件）存在的充分条件的判断。简单地说，充分条件假言判断就是断定前件与后件之间具有充分条件关系的假言判断。比如：

（1）如果你病了（p），就会不舒服（q）。

（2）一旦河堤决口（p），后果就不堪设想（q）。

判断（1）中，只要前件"你病了"，后件"不舒服"就一定存在，也就是说"你病了"是"不舒服"的充分条件；判断（2）中，只要前件"河堤决口"存在，后件"后果不堪设想"就一定存在，也就是说"河堤决口"是"后果不堪设想"的充分条件。即如果 p 存在，那么 q 一定存在。因此，这两个判断都是充分条件假言判断。

需要注意的是，在充分条件假言判断中，前件 p 存在，后件 q 一定存在；前件 p 如不存在，后件 q 并非一定不存在。比如，"你病了"存在，则"不舒服"一定存在；如果"你病了"不存在，也就是说如果你没病，你也可能因其他原因"不舒服"。

2. 充分条件假言判断的逻辑形式

我们用 p 表示前件，用 q 表示后件，充分条件假言判断的逻辑形式可以表示为：如果 p，那么 q，即 $p \to q$。其中，"$\to$"是"蕴涵"的意思，读作 p 蕴涵 q。p 和 q 都是逻辑变项，"如果……那么……"为假言联结词，是逻辑常项。

在逻辑学中，表达充分条件假言判断的常用假言联结词（即逻辑常项）还有"如果……就……""倘若……就（便）……""一旦……就……""假如……就（便）……""若是……就……""只要……就……"等。

必要条件假言判断

必要条件假言判断的含义

必要条件假言判断就是断定某一事物情况（前件）是另一事物情况（后件）存在的必要条件的假言判断。简单地说，必要条件假言判断就是断定前件与后件具有必要条件关系的假言判断。比如：

（1）除非有足够的光照（p），否则花就不会开（q）。

（2）只有体检合格（p），才能参加高考（q）。

判断（1）中，断定"足够的光照"是"开花"的必要条件，判断（2）中断定"体检合格"是"参加高考"的必要条件，因此这两个判断都是必要条件假言判断。

在必要条件假言判断中，前件（p）存在，后件（q）则未必一定存在。比如，上面举的两个例子中，判断（1）中，只有 p（足够的光照），q（开花）未必一定实现；判断（2）中，只有 p（体检合格），q（参加高考）也未必一定实现。

同时，在必要条件假言判断中，前件（p）不存在，则后件（q）一定不存在。比如，上面举的两个例子中，判断（1）中，如果没有 p（足够的光照），则 q（开花）就不可能实现；判断（2）中，如果没有 p（体检合格），q（参加高考）也不能实现。

由此可知，若 p 存在，则 q 不一定存在；若 p 不存在，则 q 必不存在。

必要条件假言判断的逻辑形式

我们用 p 表示前件，用 q 表示后件，必要条件假言判断的逻辑形式可以表示为：只有 p，才 q，即 p ← q。其中，"←"是"逆蕴涵"的意思，读作 p 逆蕴涵 q。p 和 q 都是逻辑变项，"只有……才……"为假言联结词，是逻辑常项。

在逻辑学中，表达必要条件假言判断的常用假言联结词

（即逻辑常项）还有"没有……就没有……""除非……（否则）不""必须……才……""不……就不能……""不……何以……"等。

充分必要条件假言判断

充分必要条件假言判断的含义

充分必要条件假言判断，或者充要条件假言判断就是断定某一事物情况（前件）是另一事物情况（后件）存在的充分必要条件的假言判断。换言之，在充分必要条件假言判断中，前件既是后件的充分条件，又是后件的必要条件。比如：

（1）当且仅当前件为真、后件为假时（p），充分条件假言判断才为假（q）。

（2）当且仅当前件为假、后件为真时（p），必要条件假言判断才为假（q）。

这是我们在讨论充分条件假言判断和必要条件假言判断真假值时得出的两个结论。

判断（1）断定了只要符合"前件为真、后件为假"这个条件，"充分条件假言判断"必为"假"；如果不符合"前件为真、后件为假"这个条件，"充分条件假言判断"则必不为"假"。判断（2）断定了只要符合"前件为假、后件为真"，"必要条件假

言判断"必为"假";如果不符合"前件为假、后件为真","必
要条件假言判断"则必不为"假"。也就是说,在这两个判断中,
p 既是 q 的充分条件,又是 q 的必要条件,因此这两个判断都是
充分必要条件假言判断。

充分必要条件假言判断的逻辑形式

我们用 p 表示前件,用 q 表示后件,充分必要条件假言判
断的逻辑形式可以表示为:当且仅当 p,才 q,即 $p \leftrightarrow q$。"$\leftrightarrow$"
意为"等值于",读作 p 等值于 q。其中,作为前、后件的 p、q
是逻辑变项,假言联结词"当且仅当"为逻辑常项。

需要说明的是,"当且仅当"来自数学语言,现代汉语中
并没有与之完全对等的一个词。因此只能用诸如"只要……
则……,并且只有……,才……""只有并且仅有……才……"
"如果……那么……,并且如果不……那么就不……"之类的词
项来充当假言联结词。

第四章

演绎推理思维

—— 找出问题，分析问题

什么是推理

《淮南子·说山训》中有言曰："尝一脔肉，知一镬之味；悬羽与炭，而知燥湿之气；以小明大。见一叶落，而知岁之将暮；睹瓶中之冰，而知天下之寒；以近论远。"这几句话其实就是一种简单的推理：由一块肉的味道推知一锅肉的味道；由悬挂的羽和炭而推知空气是干燥还是潮湿；由树叶飘落而推知这一年就快结束了；由瓶子里结的冰而推知天气已经寒冷了。与此类似的"以小明大，以近论远"的见解不但在古籍中常见，在日常生活中也时常出现，比如你听见狗吠可能就会推知有路人经过，等等。这其实都是在自觉不自觉地运用逻辑进行推理。推理于逻辑学而言，更是一种重要的思维方法。那么，究竟什么是推理呢？

推理的含义

在逻辑学中，推理就是由一个或几个已知判断推出新判断的一种思维形式。推理依据的是现有知识或已知判断，得出的是一个新的结论。事实上，推理的进行正是运用了事物之间多种多样的联系，因为新的事物不会凭空而出，它一定来源于现有事物；现有事物也不会静止不动，它必然会发展为新事物。而推理就是抓住这种联系积极地、主动地促成新事物、新观念、新判断的产生。比如：

（1）现在大学生找工作难，

　　所以，有些大学生没找到工作。

（2）张林喜欢所有的喜剧电影，

　　《加菲猫》是喜剧电影，

　　所以，张林喜欢《加菲猫》。

（3）北方方言以北京话为代表，

　　吴方言以苏州话为代表，

　　湘方言以长沙话为代表，

　　赣方言以南昌话为代表，

　　客家方言以广东梅县话为代表，

　　闽方言以福州话、厦门话等为代表，

　　粤方言以广州话为代表，

　　所以，各方言区人民都有自己的代表方言。

上面三个例子中，例（1）根据一个已知判断推出了一个新判断，例（2）根据两个已知判断推出了一个新判断，例（3）根据七个已知判断推出了一个新判断。它们都是由已知的判断推出未知的新判断，因而都是推理。

推理的种类

推理的种类

在进行推理时，推理的前提的不同、推理的前提与结论关系的不同或者推理角度等的不同，推理的种类也不同。也就是说，推理可以根据各种不同的标准进行分类。

1. 直接推理和间接推理

这是根据推理中的前提是一个还是多个而进行分类的。

直接推理

以一个判断为前提推出结论的推理就是直接推理。比如：

（1）诸葛亮是智慧的化身，

　　所以，诸葛亮是有智慧的。

（2）商品是用来交换的劳动产品，

　　所以，有些劳动产品是商品。

上面两个推理都是由一个判断出发推出结论的，所以都是直接推理。

间接推理

以两个或两个以上的判断为前提推出结论的推理就是间接推理。比如：

（1）物理学是研究物质结构、物质相互作用和运动规律的自然科学，

力学是研究物体的机械运动和平衡规律的，

所以，力学属于物理学范畴。

（2）论点是议论文的要素之一，

论据是议论文的要素之一，

论证也是议论文的要素之一，

所以，议论文包括论点、论据和论证三个要素。

上面两个推理中，推理（1）是由两个判断推出的结论，推理（2）是由三个判断推出的结论，所以它们都是间接推理。

2. 简单判断推理和复合判断推理

这是根据推理中前提繁简的不同而进行分类的。

简单判断推理

以简单判断为前提推出结论的推理就是简单判断推理。根据简单判断种类的不同，简单判断推理又可以分为直言判断的直接推理、直言判断的变形直接推理、三段论推理和关系推理等，比如：

（1）花是被子植物的生殖器官，

菊花是花，

所以，菊花是被子植物的生殖器官。

（2）菱形是四边形的一种，

正方形是菱形的一种，

所以，正方形是四边形的一种。

上面两个推理的前提都是简单判断，所以都属于简单判断推理。其中，推理（1）是三段论推理，推理（2）是关系推理。

复合判断推理

以复合判断为前提推出结论的推理就是复合判断推理。根据复合判断种类的不同，复合判断推理又可以分为联言推理、假言推理、选言推理和二难推理等。比如：

（1）李蒙的数学考试不及格，或者是因为考试时状态不佳，或者是因为平时不用功，

李蒙的数学不及格不是因为考试时状态不佳，

所以，李蒙的数学不及格是因为平时不用功。

（2）如果这个剧本好，他就会参演，

这个剧本好，

所以，他会参演。

上面两个推理的前提都是复合判断，所以它们都是复合判断推理。其中，推理（1）是选言推理，推理（2）是假言推理。

3.演绎推理、归纳推理和类比推理

这是根据推理中从前提到结论思维活动进程的不同而进行分类的。

演绎推理

从一般性、普遍性认识推出个别性、特殊性认识的推理就是演绎推理。比如上节中我们提到的例子：

张林喜欢所有的喜剧电影，

《加菲猫》是喜剧电影，
_____

所以，张林喜欢《加菲猫》。

这个推理中，"张林喜欢所有的喜剧电影"是一般性前提，"《加菲猫》是喜剧电影"是个别性认识。根据这两个前提推出"张林喜欢《加菲猫》"这一个别性认识。

归纳推理

从个别性、特殊性认识推出一般性、普遍性认识的推理就是归纳推理。比如上节中我们提到的例子：

北方方言以北京话为代表，

吴方言以苏州话为代表，

湘方言以长沙话为代表，

赣方言以南昌话为代表，

客家方言以广东梅县话为代表，

闽方言以福州话、厦门话等为代表，

粤方言以广州话为代表，
_____

所以，各方言区人民都有自己的代表方言。

上面这个推理从"北方方言以北京话为代表"等七个个别的、特殊的认识推出"各方言区人民都有自己的代表方言"这个一般性、普遍性认识，所以是归纳推理。

类比推理

从个别性、特殊性认识推出个别性、特殊性认识或从一般性、普遍性认识推出一般性、普遍性认识的推理就是类比推理。

比如：

菱形有一组邻边相等，对角线互相垂直且平分，

正方形也有一组邻边相等，

———————————————————

所以，正方形的对角线也互相垂直且平分。

上面这个推理就是通过菱形与正方形的类比而推出结论的，所以是类比推理。

4. 必然性推理和或然性推理

这是根据推理中的前提是否蕴涵结论而进行分类的。

必然性推理

推理的前提蕴涵结论的推理就是必然性推理。因为前提和结论的蕴涵关系，所以必然能从前提中推出相应的结论。换言之，若前提为真，则结论也必为真。比如，间接推理中的例（1）、简单判断推理中的两个例子等都是必然性推理。

或然性推理

推理的前提不蕴涵结论的推理就是或然性推理。因为前提不蕴涵结论，那么就意味着结论并非必然是从前提中推出的。换言之，若前提为真，则结论真假不定。比如，归纳推理中关于"方言"的例子就是或然性推理。

5. 模态推理和非模态推理

这是根据推理中是否包含模态判断而进行分类的。推理中包含模态判断的推理就是模态推理，推理中不包含模态判断的推理就是非模态推理。

有效推理的条件

要保证推理的有效性并进行正确推理，就必须满足两个条件。

推理的形式正确

推理形式包括推理的外在形式和逻辑规律和规则两个方面。其外在形式就如我们在上面举出的各个推理实例，它们都符合推理的外在形式。逻辑规律和规则是指在进行推理过程中必须遵守的各种逻辑规律和规则。如果只符合推理的外在形式，却不符合一定的逻辑规律和规则，那么得出的结论就必定是错误的。

推理的前提必须真实

推理的前提真实是指推理时所依据的各个判断必须真实、客观地反映客观存在，而不能任意凭主观臆造。比如：

所有的花都是红色的，

梨花是花，

所以，梨花是红色的。

这个推理形式的外在形式正确，推理时也遵守了逻辑规律和规则，但得出的结论是错的。这是因为推理的大前提，即"所有的花都是红色的"本身就是一个假判断，由此所推出的结论自然是假的。

同时，这两个条件也可以作为我们判定推理是否有效的依据。只有满足这两个条件的推理才是有效的，否则就是无效的。

此外，如果一个推理的结论的范围超出了所依据的前提的范围，那么，这个结论就没有蕴涵在前提中，这个推理就是或然性推理。这就表示，即便所有前提都为真，这个结论也未必为真。

三段论

作为形式逻辑的奠基人，亚里士多德在逻辑学上的贡献是多方面的，其中最重要的就是他的三段论学说。经过历代学者的研究修缮，现在的三段论已经是逻辑学中最为重要和严密的推理形式之一。

三段论的定义

所谓三段论就是以包括一个共同概念的两个直言判断作为前提推出一个新的直言判断作为结论的演绎推理形式。具体地说，就是通过一个共同概念把两个直言判断联结起来，并以这两个直言判断为前提，推出一个新的直言判断。因为，三段论的前提和结论都是直言判断，所以三段论又被称为直言三段论推理或直言三段论。比如：

（1）作家都是知识分子，

钱锺书是作家，

所以，钱锺书是知识分子。

（2）语言是人类交际的工具，

　　汉语是语言，
　　──────────────
　　所以，汉语是人类交际的工具。

推理（1）是以包含"作家"这个共同概念的两个直言判断（作家都是知识分子、钱锺书是作家）作为前提推出一个新的直言判断作为结论（钱锺书是知识分子）的三段论推理；推理（2）则是以包含"语言"这个共同概念的两个直言判断（语言是人类交际的工具、汉语是语言）作为前提推出一个新的直言判断作为结论（汉语是人类交际的工具）的三段论推理。

因为三段论是由两个判断推出一个判断的推理形式，所以三段论是间接推理；又因为三段论的前提和结论都是直言判断，所以三段论是直言判断的间接推理。

三段论的结构

三段论是由三个直言判断组成的，所以共有三个主项和三个谓项。因为事实上每个词项都出现了两次，所以一个三段论共包括三个不同的词项。以上面的推理（1）为例：

作家（M）都是知识分子（P），

钱锺书（S）是作家（M），
──────────────
所以，钱锺书（S）是知识分子（P）。

由此可见，这个三段论推理共包含三个不同的词项，即作家、知识分子和钱锺书。

我们把三段论中这三个不同的词项叫作大项、小项和中项。

大项就是结论中的谓项，用 P 表示，在上面两个推理中即"知识分子"和"人类交际的工具"。大项 P 在第一个前提中是作为谓项出现的。

小项就是结论中的主项，用 S 表示，在上面两个推理中即"钱锺书"和"汉语"。小项 S 在第二个前提中是作为主项出现的。

中项就是在前提中出现两次而在结论中不出现的词项，用 M 表示，在上面的两个推理中即"作家"和"语言"。中项是联接大项和小项的词项。

三段论是由两个作为前提的直言判断和一个作为结论的直言判断组成的。我们把其中包含大项（P）的前提叫大前提，在上面的两个推理中即"作家都是知识分子"和"语言是人类交际的工具"；把其中包含小项（S）的前提叫小前提，在上面的两个推理中即"钱锺书是作家"和"汉语是语言"。

这样我们就可以得出三段论的结构，即由包含三个不同的项（大项、中项和小项）的三个直言判断（大前提、小前提和结论）组成。

由上面两例三段论的结构，我们可以得出它的推理公式：

M —— P

S —— M

↓

S —— P

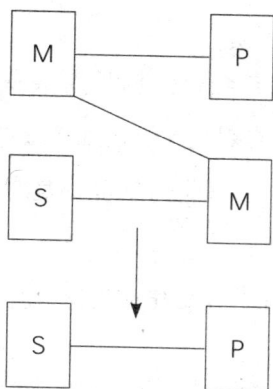

这种三段论推理公式是最基本的推理形式，它还有许多变化，后面我们会专门讲述。

三段论的特点

从三段论的含义及结构形式，我们可以得出三段论具有以下几个特点：

第一，三段论都是由两个已知直言判断作为前提推出一个新的直言判断。

第二，作为前提的两个直言判断中必然包含一个共同概念，这个共同概念（即中项）是联结两个前提的中介。

第三，三段论的前提中蕴涵着结论，因此前提必然能推出结论，这个推理也是必然性推理。

第四，由大前提和小前提推出结论的过程是由一般到个别、特殊的演绎推理过程。

三段论的公理

所谓公理，也就是经过人们长期实践检验、不需要证明同时也无法去证明的客观规律。比如"过两点有且只有一条直线""同位角相等，两直线平行"等都是数学公理。逻辑学中，三段论的公理即：

对一类事物的全部有所肯定或否定，就是对该类事物的部分也有所肯定或否定。

1. 对一类事物的全部有所肯定，就是对该类事物的部分也有所肯定。

看下面这则故事：

明朝的戴大宾幼时即被人们誉为"神童"，特别善于赋诗作对。一次，一个显贵想看看戴大宾是否名副其实，便想出对考他。显贵首先出对道："月圆。"戴大宾随即对道："风扁。"显贵嘲笑道："月自然是圆的，风如何是扁的呢？"戴大宾道："风见缝就钻，不扁怎么行？"显贵又出对道："凤鸣。"戴大宾从容不迫道："牛舞。"显贵又讥笑道："牛如何能舞？这肯定不通。"戴大宾笑道："《尚书·虞书·益稷》上说：'击石拊石，百兽率舞'，牛亦属百兽之列，如何不能舞？"显贵俯首叹服。

这则故事中，包含着两个三段论推理：

（1）能钻缝的都是扁的，　　　　　（2）兽都是能舞的，

　　　风是能钻缝的，　　　　　　　　　　牛是兽，

　　　———————————　　　　　　　———————————

　　　所以，风是扁的。　　　　　　　　　所以，牛是能舞的。

推理（1）肯定"能钻缝的都是扁的"，而"风是能钻缝的"的事物中的一部分，那么就必然可以肯定"风是扁的"了；推理（2）肯定"兽都是能舞的"，而"牛是兽"的一种，那么也就必然可以肯定"牛是能舞的"了。

这就是对三段论公理中"对一类事物的全部有所肯定，就是对该类事物的部分也有所肯定"的运用。上面两个三段论可以用下面这个逻辑形式来表示：

所有M都是P，

所有S都是M，

所以，所有S都是P。

2. 对一类事物的全部有所否定，就是对该类事物的部分也有所否定。比如：

（1）不能制造和使用工具的动物不是人，

　　虎是不能制造和使用工具的动物，

　　所以，虎不是人。

（2）草本花卉不是木本花卉，

　　紫罗兰是草本花卉，

　　所以，紫罗兰不是木本花卉。

推理（1）是对"不能制造和使用工具的动物是人"的否定，而"虎是不能制造和使用工具的动物"的一种，那么就必然可以否定"虎是人"并由此得出"虎不是人"的结论；推理（2）也可通过类似的分析得出"紫罗兰不是木本花卉"的结论。

这就是对三段论公理中"对一类事物的全部有所否定，就是对该类事物的部分也有所否定"的运用。上面两个三段论可以用下面这个逻辑形式来表示：

所有M都不是P，

所有S都是M，

所以，所有S都不是P。

总之，三段论的公理是对客观事物中一般和个别关系的反映，是人们长期实践经验的总结，也是我们进行三段论推理的客观依据。

三段论的规则

任何推理都要遵循一定的规则，三段论推理也是如此。通过上节对三段论的含义、结构、特点和公理的分析，我们可以得出三段论推理必须遵守的各项规则。

规则一：有且只能有大项、中项和小项这三个不同的项

大项、中项和小项是一个三段论推理得以有效进行的必要条件，如果少于三个，显然无法构成三段论；如果多于三个，即在三段论中出现四个不同的项，也不能得出结论。在逻辑学中，这叫作"四词项"错误（或叫"四概念"错误）。常见的有两种

情况：

1. 由完全不同的四个词项组成的三段论

如果一个三段论是由完全不同的四个词项组成的，那么就根本无法进行推理，这是最明显的"四词项"错误。比如：

北京是中国的首都，

上海是一个国际性大都市，

所以……

这个三段论中包含了四个不同的词项，即"北京""中国的首都""上海"和"一个国际性大都市"，但是无法推出结论。因为，这四个词项组成了两个独立的判断，它们既然没有联系，也就不能推出结论了。

2. 前提中使用外延不同的词项作为中项

有些三段论，从形式看没什么错误，也是由三个不同的词项组成的，但因为中项在大前提和小前提中的外延不同，实质上是用三个词项表达了四个概念。这是一种不太明显的"四词项"错误，稍不留意就会忽略。比如：

一次辩论会上，正方为了说服反方，便语重心长地说："我们应该辩证地看问题，辩证法是伟大的马克思主义哲学的灵魂啊。"反方立即抓住正方这个观点的漏洞，反驳道："是吗？黑格尔也是为西方所公认的辩证法大师，根据正方的观点，是不是可以认为黑格尔的辩证法也是马克思主义哲学的灵魂呢？"正方哑口无言。

在这里，反方是运用三段论的推理来对正方的观点加以反驳的，即：

> 辩证法是马克思主义哲学的灵魂，
>
> 黑格尔的辩证法是辩证法，
> _____
>
> 所以，黑格尔的辩证法是马克思主义哲学的灵魂。

在这个三段论中，包含三个词项："辩证法""马克思主义哲学的灵魂"和"黑格尔的辩证法"。需要注意的是，大前提中的"辩证法"是指马克思提出的唯物辩证法，而"黑格尔的辩证法"则是指黑格尔提出的辩证体系。这两个词项在外延上是完全不同的。因此，可以说这两个"辩证法"是两个不同的词项。反方虽然用这个三段论反驳得正方哑口无言，但是犯了"四词项"错误，因而这是一个错误的三段论推理。

规则二：中项在前提中至少要周延一次

周延性问题就是指在直言判断中，对主项和谓项的外延范围或数量做断定的问题。作为联结大项和小项的中项，如果在大小前提中都不周延，即其外延的范围或数量不确定，那么大项与中项就只能在一部分外延上发生联系；而中项与小项也只是在一部分外延上发生联系。如果这发生联系的两部分是完全不同的，或者只有一部分相同，那么就无法推出必然的结论。比如：

> 外语系学生都是学外语的，
>
> 李明是学外语的，
> _____
>
> 所以，李明是外语系学生。

这个三段论中，"学外语的"是联结大项"外语系"和小项"李明"的中项，但是它在两个前提中的外延都没有明确断定，即都不周延，因此得出的结论也是错误的。

所以，只有中项至少周延一次，它才能通过其全部外延与大项或小项确定的某种关系实现联结的意义。

规则三：在前提中不周延的项在结论中亦不得周延

这条规则是说，如果前提中的词项的外延不断定，那么在结论中的外延也应该是不断定的。因为结论中包含大项和小项两个词项，所以这也分两种情况：

1. 大项在前提中不周延在结论中周延

大项是结论的谓项，如果大项在前提中不周延，那么它的外延就没有被全部断定，而只是部分断定；如果它在结论中周延了，就意味着它在结论中的外延是全部断定的。这样一来，结论中的大项的外延显然比前提中大项的外延大，这就犯了"大项扩大"的错误，而结论也就不是必然推出的了。比如：

5 加 5 是等于 10 的，

2 加 8 不是 5 加 5，

所以，2 加 8 不等于 10。

在这个三段论中，大前提中的大项"等于 10"是不周延的；结论"2 加 8 不等于 10"是个否定判断，根据否定判断谓项周延的规律，那么结论中的"等于 10"就是周延的。这就是因为犯了

"大项扩大"的错误而推出了错误的结论。

2. 小项在前提中不周延在结论中周延

小项是结论的主项，如果小项在前提中不周延而在结论中周延了，那么结论中小项的外延也就比小前提中的外延大，这就犯了"小项扩大"的错误，推出的结论也就不是必然的了。

妈妈为了劝女儿多吃水果，便说："你要知道，多吃桃子是可以减肥的。"

女儿奇道："为什么？"

妈妈道："你见过肥胖的猴子吗？"

在上面一段对话中，妈妈运用了一个三段论推理：

猴子都是不肥胖的，

猴子都是吃桃子的，
_____

所以，吃桃子的都是不肥胖的。

这个三段论中，小项"吃桃子的"在小前提中是谓项，在结论中则是主项。而小前提和结论都是全称肯定判断，根据全称肯定判断主项周延、谓项不周延的规律，小项"吃桃子的"在前提中是不周延的，在结论中则是周延的。这就犯了"小项扩大"的错误，因而得到的结论也是错误的。

规则四：大小前提不能都是否定判断

否定判断是断定某事物不具有某种属性，也就是说，否定判断的主项和谓项是不相容的。如果大小前提同时为否定直言判断，那么，大前提中的大项与中项则不相容，小前提中的中项与小项也不相容，这样就不能推导出小项与大项的关系，得不出必然结论。比如：

（1）豹子不是老虎，

　　　猫不是豹子，
　　　──────────
　　　所以，猫……

（2）锐角三角形不是钝角三角形，

　　　锐角三角形也不是直角三角形，
　　　──────────────────
　　　那么，直角三角形……

三段论（1）中，大小前提都是否定判断，那么结论既可以是"猫不是老虎"，也可以是"猫是老虎"，或者"猫是（不是）其他……"。因此无法推出必然结论，这个三段论也就不能成立；三段论（2）亦然。

规则五：若前提中有一个否定的，结论也必为否定；若结论为否定，则必有一个前提为否定。

两个前提中，若大前提是否定的，小前提是肯定的。那么，大前提中，大项和中项就是不相容关系，小前提中小项和中项则是相容关系，那么小项则必然与大项不相容，所以结论也必为否定。同样，若小前提是否定的，大前提是肯定的，那么，大前提中大项与中项则是相容，小前提中小项与中项不相容，那么，小项必然与大项不相容，则结论也必为否定。比如：

（1）历史系学生不是数学系学生，

　　张强是历史系学生，

　　所以，张强不是数学系学生。

（2）能被 2 整除的数都是偶数，

　　17 是不能被 2 整除的，

　　所以，17 不是偶数。

三段论（1）中，大前提是否定的，大项"数学系学生"和"历史系学生"不相容；小前提是肯定的，小项"张强"真包含于中项"历史系学生"，所以小项"张强"与大项"数学系学生"也不相容，因而必然得出的结论必为否定的。三段论（2）中，大前提是肯定的，小前提是否定的。所以，中项"能被 2 整除的数"真包含于大项"偶数"，同时与小项"17"不相容，那么，小项"17"必然与大项"偶数"不相容，所得结论也就必是否定的。

此外，若结论是否定的，则必然推出小项与大项不相容。那么，在保证推理有效的前提下，也就必然可以推出小项与中项不相容或中项与大项不相容，也就是说大小前提中必有一个是否定的。

规则六：大小前提不能都是特称判断

第一，若大小前提都是特称否定判断（即 O + O），那么就违背了规则四，即"大小前提不能同时为否定判断"，三段论也就不能成立；

第二，若大小前提都是特称肯定判断（即 I+I），那么根据"特称判断的主项不周延，肯定判断的谓项不周延"可得出前提中的大、小、中项都不周延，这违背了规则二，即"中项在前提中至少要周延一次"，三段论也就不能成立。

第三，若大小前提是一个特称肯定判断和一个特称否定判断，即 I+O 或 O+I。那么：

I 判断主、谓项均不周延，O 判断主项周延，则前提中只有一个周延项；

根据规则二，即"中项在前提中至少要周延一次"，则这个周延项应为中项；

根据规则五，即"若前提中有一个否定的，结论也必为否定"，则结论必为否定；

根据"否定判断的谓项周延"的规律，结论中的谓项即三段论中的大项必然周延；

"周延项应为中项"与"大项必然周延"显然是矛盾的，因此不管是 I+ O 还是 O+I，三段论都不能成立。

规则七：若前提中有一个是特称的，结论必然也是特称的。

第一，若两个前提中一个是全称肯定判断，一个是特称肯定判断，即 A+I。那么：

根据"A 判断的主项周延谓项不周延，I 判断的主、谓项均不周延"可得出只有 A 判断的主项周延；

根据规则二，即"中项在前提中至少要周延一次"，则这个周延项应为中项，那么大、小项就均不周延；

根据规则三，即"在前提中不周延的项在结论中亦不得周延"，那么，结论的主项（即小项）则不周延，因此结论必为特称判断。

第二，若两个前提中一个是全称否定判断，一个是特称否定判断，即 E+O，根据规则四，即"大小前提不能都是否定判断"，可知这时三段论不能成立。

第三，若两个前提中一个是全称肯定判断，另一个是特称否定判断，即 A+O。那么：

根据"A 判断主项周延谓项不周延，O 判断主项不周延谓项周延"，可知前提中只有两个周延项；

根据规则二，即"中项在前提中至少要周延一次"，可知两个周延项中至少有一个为中项；

根据规则五，即"若前提中有一个否定的，结论也必为否定"，则结论必为否定；

根据"否定判断谓项周延"，可知结论的谓项即大项周延，大项、中项是两个周延项，则小项必不周延；

根据规则三，即"在前提中不周延的项在结论中亦不得周延"，那么，结论的主项（即小项）则不周延，因此结论必为特称判断。

第四，若两个前提中一个是全称否定判断，另一个是特称肯定判断，即 E+I。那么：

根据"E 判断主、谓项均周延，I 判断主、谓项均不周延"可知前提中只有两个周延项；

这就与"A+O"中的情况相似了，对此进行同样的分析可知，这两个周延项也必为中项和大项，而小项不周延。那么结论中的主项（即小项）也必不周延，因此结论必为特称判断。

由以上几种情况可知，若前提中有一个是特称判断，则结论也必为特称判断。

三段论的规则实际上就是三段论的公理的具体化，只有遵循三段论的公理和规则，才能避免错误，进行正确、有效的推理。

猜测与演绎推理

本章我们主要讨论了演绎推理的逻辑思维形式，比如三段论、假言推理、选言推理等。亚里士多德认为，演绎推理是"结论可以从前提的已知事实'必然的'得出的推理"。演绎推理的共同特征是，从一般到个别的，并且其结论所断定的范围不超出前提断定的范围。所以，演绎推理又可以定义为结论在普遍性上不大于前提的推理，或"结论在确定性上，同前提一样"的推理。三段论一般由大、小前提和结论三部分构成，其中大前提是指一般性的认识或规律，小前提则是指个别性认识或对象，由大、小前提推出结论的过程就是由一般到个别的过程。可以说，三段论推理是最为常用的演绎推理形式，因此也有人把演绎推理称为三段论推理。

猜测是猜度、推测的意思，是凭某些线索或想象进行推断。在逻辑学中，猜测就是人们以现有知识为基础，通过对问题的分析、归纳，或将其与有类似关系的特例进行比较、分析，通过判断、推理对问题结果做出的估测。

猜测在推理中的作用是不言而喻的，甚至可以说推理就是伴随着猜测而生的，而演绎推理与猜测的关系尤其密切。虽然人们在猜测时不一定会采用规范的演绎推理形式，但其中无不体现着演绎推理的精髓。

有一篇文章对马王堆一号汉墓中发现的女尸的死因进行了推测。其中有一段话是这样写的：

女尸年龄约五十岁左右，皮下脂肪丰满，并无高度衰老现象，不可能是自然死亡。经仔细检查，也未见任何暴力造成的致死创伤，故推测当是病死。但女尸营养状况良好，皮肤未见久卧病床后常见的痔疮，也未见慢性消耗疾病的证据，而且消化道内还见到甜瓜子。这些情况表明，墓主当系因某种急性病或慢性病急性发作，在进食甜瓜后不久死亡。

事实上，这段话就是运用演绎推理对其死因进行推测的：

（1）如果是自然死亡，那么她的皮下脂肪就会衰竭且有高度

衰老现象，

　　　　她的皮下脂肪没有衰竭且无高度衰老现象，

　　　　所以，她不是自然死亡。

（2）如果是暴力致死，她身上就会有暴力造成的创伤，

　　　　她身上没有暴力造成的创伤，

　　　　所以，她不是暴力致死。

（3）她或者是自然死亡，或者是暴力致死，或者是病死，

　　　　她不是自然死亡，也不是暴力致死，

　　　　所以，她是病死。

　　上面三个推理中，前两个都是充分条件假言推理，第三个是选言推理。通过这三个推理，得出了墓主是病死的结论。虽然三个推理的前提都是建立在猜测基础上的，但都是符合客观事实的，所以都为真。那么，因此推出的结论也就是真的。

（4）如果是慢性疾病致死，她的营养状况就会不好且有慢性消耗病的证据（比如痔疮），

　　　　她的营养状况没有不好且没有慢性消耗病的证据，

　　　　所以，她不是慢性疾病致死。

（5）凡病死的人，要么是慢性疾病致死，要么是急性疾病（含慢性病急性发作）致死，

　　　　不是慢性疾病致死，

　　　　所以，是急性疾病（含慢性病急性发作）致死。

　　在通过充分条件假言推理（4）和选言推理（5）的分析后，

得出了墓主是因急性疾病或慢性病急性发作而死的结论。因为前提真实，所以其结论是可信的。

事实上，最为广泛的运用猜测进行推理的还是在刑事侦查中。刑事侦查是指研究犯罪和抓捕罪犯的各种方法的总和。刑事侦查员要力求查明罪犯使用的方法、犯罪的动机和罪犯本人的身份。众所周知的福尔摩斯无疑就是根据案发现场的各种细微线索进行推测，从而找出犯罪嫌疑人的高手。他曾说："一个逻辑学家不需要亲眼见到或听说过大西洋或尼亚加拉瀑布，他能从一滴水推测出它的存在。"

电视剧《荣誉》中有这么一个情节：

临近春节的一个晚上，公安局接到报案，一个村子的一台重达三百多斤的发电机被盗，林敬东迅速带人赶往现场。对现场仔细勘察后，林敬东确认了盗窃发电机的嫌疑人的特征。经过排除后，确定了赵永力和赵永强兄弟俩的嫌疑最大。但是，经验证，雪地上留下的脚印并非赵永强的而是赵永力的。但林敬东坚持认为案犯一定是他们兄弟俩，他解释说："第一，下雪天偷东西，一定不是惯偷，是初犯。惯偷知道下雪留脚印，不出门，初犯才不知道深浅；第二，过年偷东西，家里一定不富裕，一准儿是真缺钱花，家里还可能有病人；第三，那发电机三百多斤重，他一个穷小子，穷得饭都吃不饱，没人帮忙，咋弄走？"

在这里，林敬东进行猜测时也运用了演绎推理：

（1）凡惯犯都不会在雪天行窃，

　　　他们在雪天行窃，

　　　————————————

　　　所以，他们不会是惯犯。

（2）如果家里富裕，不缺钱花，就不会在过年时偷东西，

　　　他们在过年时偷东西，

　　　————————————

　　　所以，他们家里不富裕。

（3）如果没有帮手，他就不能偷走三百多斤重的发电机，

　　　他偷走了三百多斤重的发电机，

　　　————————————

　　　所以，他有帮手。

　　这三个推理中，第一个推理是直言三段论推理，后两个推理则是充分条件假言推理。需要注意的是，虽然这三个推理从形式上看无懈可击，但其大前提都有着一定的问题。因为在这三个大前提断定的事物情况中，都有出现例外的可能。也就是说，其前提不必然为真，因此其结论也就不必然为真。比如，推理（3）中，如果存在仅凭一人之力就扛动发电机的人，那么该推理就是错误的。事实上，电视剧中的确是赵永力一个人偷走电机的，并且他还当众证明了一个人就能扛动发电机的事实。

　　这就涉及猜测的准确性问题。其实，猜测本身就存在着意外的可能。因为，猜测虽然是在经验的基础上并依据了一定的事实进行的，但毕竟都是理论上的可能性。不管可能性有多大，都不等于事实。仅凭猜测断定事实就是把偶然性当作了必然性，把可能情况当作了必然事实。

风靡全球的美国电视剧 *Lie to me*（中文译名《别对我说谎》或《千谎百计》）中，主人公 Lightman 博士就是根据人脸上出现的细微表情和身体其他部位的细微动作来确定其真实情绪或态度的。比如，嘴角单侧上扬表示轻视；笑时只有嘴和脸颊变化，而没有眼睛的闭合动作就表示是假笑；不经意地耸肩、搓手或者扬起下嘴唇则表示说谎，等等。这种根据人的细微表情或细微反应判断人的真实情绪或态度的方法，都是通过猜测进行的演绎推理来实现的。比如：

如果一个人没有不经意地耸肩、搓手或者扬起下嘴唇，就表示他没有说谎，

他说谎了，

———————————————————————————

所以，他有不经意地耸肩、搓手或者扬起下嘴唇。

不可否认，这种观察或者判断是建立在一定的实际经验和科学研究的基础上的。但是，同样不可否认，仅凭这些细微表情就断定一个人的真实情绪或态度也是缺乏可靠性的。或许，将其作为一种参考或者辅助性手段才是恰当的选择。

那么，如何提高依据猜测进行推理而得出的结论的可靠性呢？答案是实事求是。只有坚持实事求是的态度，根据客观实际进行猜测、判断、推理，才能尽量得到可靠的结论。正如林敬东告诫自己的："别以为自己什么都成，尊重事实，才能无案不破。"

第五章

归纳逻辑思维

——由特殊到普遍的推理

什么是归纳推理

《韩诗外传》中记载有这么一个故事：

魏文侯问狐卷子曰："父贤足恃乎？"对曰："不足。""子贤足恃乎？"对曰："不足。""兄贤足恃乎？"对曰："不足。""弟贤足恃乎？"对曰："不足。""臣贤足恃乎？"对曰："不足。"文侯勃然作色而怒曰："寡人问此五者于子，一一以为不足者，何也？"对曰："父贤不过尧，而丹朱（尧之子）放（流放）；子贤不过舜，而瞽瞍（舜之父）拘（拘禁）；兄贤不过舜，而象（舜之弟）傲（傲慢）；弟贤不过周公，而管叔（周公之兄）诛；臣贤不过汤、武，而桀、纣伐（被讨伐）。望人者不至，恃人者不久。君欲治，从身始，人何可恃乎？"

在这则故事中，魏文侯向狐卷子连续发问父、子、兄、弟和臣子是否足以依靠，狐卷子均答曰"不足"，并通过一系列不可否认的事实证明了自己的观点，最后得出"君欲治，从身始，人何可恃乎"的结论。这就是归纳推理的运用。

归纳推理的含义

归纳推理就是以个别性认识为前提推出一般性认识为结论的推理。个别就是单个的、特殊的事物，一般则是与个别相对的、普遍性的事物。个别与一般相互联结，一般存在于个别之中。个别和一般是相互依存、不可分割的。从一般的、特殊的认识推出一般的、普遍的认识，是人们认识事物的重要途径，也是归纳推理的基础。比如，"云彩往南水连连，云彩往北一阵黑；云彩往东一阵风，云彩往西披蓑衣"就是人们根据云彩运动方向的不同而归纳出来的天气情况；"能被 2 整除的数是偶数，不能被 2 整除的数是奇数"是根据数与 2 是否整除的关系归纳出的偶数和奇数的性质。再比如：

　　汉语是中国人最重要的交际工具，

　　英语是英、美等国人最重要的交际工具，

　　德语是德国人最重要的交际工具，

　　俄语是俄罗斯人最重要的交际工具，

　　……

　　（汉语、英语、德语、俄语等是语言的部分对象，）

　　所以，语言是人类最重要的交际工具。

　　上面这个推理就是根据人们对各种具体语言的个别性认识推导出对语言这个整体的一般性认识的归纳推理。

　　我们在开头讲述的那个故事中的归纳推理也可以这样表示：

　　父贤不过尧，而丹朱放，所以父贤不足恃，

　　子贤不过舜，而瞽瞍拘，所以子贤不足恃，

　　兄贤不过舜，而象傲，所以兄贤不足恃，

　　弟贤不过周公，而管叔诛，所以弟贤不足恃，

臣贤不过汤、武，而桀、纣伐，所以臣贤不足恃，

（父子、兄弟、臣子等是人的部分对象，）

所以，任何人都不足恃，治理国家还是要靠自己。

这也是由对"父、子、兄、弟和臣子不足恃"的个别认识而归纳出"任何人都不足恃"的一般认识的归纳推理。

归纳推理的种类

根据归纳推理考察对象范围的不同，归纳推理可以分为完全归纳推理和不完全归纳推理。简单地说，完全归纳推理就是对某类事物的全部对象具有或不具有某种属性做考察的推理。比如：

《红楼梦》是长篇章回体小说，

《三国演义》是长篇章回体小说，

《水浒传》是长篇章回体小说，

《西游记》是长篇章回体小说，

（《红楼梦》《三国演义》《水浒传》和《西游记》是中国四大古典文学名著，）

所以，中国四大古典文学名著是长篇章回体小说。

不完全归纳推理是只对某类事物的部分对象具有或不具有某种属性做考察的推理。我们在前面举的关于"语言"和"任何人都不足恃"的推理都是不完全归纳推理。

此外，根据前提是否揭示考察对象与其属性间的因果联系，不完全归纳推理又可以分为简单枚举归纳推理和科学归纳推理。

其中，简单枚举归纳推理只是根据经验观察而归纳出结论的推理，科学归纳推理则是在经验的基础上借助科学分析推出结论的推理。

归纳推理的特点

根据上面对归纳推理的分析，可以总结出归纳推理的几个特点：

第一，从个别性或特殊性认识推出一般性或普遍性认识；

第二，除完全归纳推理外，前提不蕴涵结论，结论断定的范围超出前提断定的范围；

第三，除完全归纳推理外，归纳推理是或然推理，其结论不是必然的；

第四，除完全归纳推理外，即使归纳推理的前提都真，结论也未必真实。请看下面一则故事：

有一次，苏东坡去拜访王安石，恰巧王安石不在。苏东坡闲等之际，看到王安石桌上的一张纸上写着两句诗："西风昨夜过园林，吹落黄花满地金。"墨迹尚未干，显然是刚写的；只有两句，可见是未完之作。苏东坡看到这两句诗，不禁暗笑：菊花最能耐寒，从来只有枯萎的菊花，哪有随风飘落满地的菊花呢？于是提笔续写道："秋花不比春花落，说与诗人仔细吟。"然后转身离去。后来苏东坡被贬黄州，重阳赏菊之日，看到满园菊花纷纷飘落，一地灿烂，枝上竟无半朵，这才知道王安石那两句诗并没有错，只是自己见识不足而已。

在这则故事中，苏东坡根据他历来所见过的菊花都是枯萎而没有飘落的前提，归纳出"所有的菊花都是枯萎而不是飘落"这一错误结论，所以他才嘲笑王安石的诗错了。可见，前提的真实并不一定能推出真实的结论。

完全归纳推理

完全归纳推理的含义

完全归纳推理是根据某类事物的每一个对象都具有或不具有某种属性，推出该类事物全都具有或不具有该属性的推理。

有"数学王子"之称的德国著名数学家高斯读小学时，就表现出了超人的才智。一次，在一节数学课上，老师给大家出了道题："从 1+2+3……+98+99+100 等于多少？"老师心想，学生们要算出这 100 个数之和，大概得花不少时间呢。谁知他刚想到这里，高斯就举手报出了结果：5050。老师惊讶不已，问他为什么这么快就算出来了。高斯答道："1+100=101，2+99=101，3+98=101……这样到 50+51=101 一共可以得出 50 个 101，用 50 乘以 101 就得出答案了。"听完高斯的解释，老师、同学都赞叹不已。

在这里，高斯就运用了完全归纳推理，即：

1+100=101，

2+99=101，

3+98=101，

……

50+51=101，

（1 到 100 是所给题目的全部对象，）

所以，100 个数中所有各个相应的首尾两数之和都等于 101。

在这个归纳推理中，高斯就是通过断定这 100 个数中"1+100、2+99 到 50+51"这每个对象都具有"等于 101"的属性，归纳推出"100 个数中所有各个相应的首尾两数之和都等于 101"这个一般性结论的。正是根据这个结论，高斯很快就算出了结果，显示了他无与伦比的数学天赋。再比如：

期中考试中，小明的平均成绩不到 80 分，

期中考试中，小光的平均成绩不到 80 分，

期中考试中，小红的平均成绩不到 80 分，

期中考试中，小灵的平均成绩不到 80 分，

（小明、小光、小红和小灵是二班一组的全部成员，）

所以，期中考试中，二班一组的平均成绩不到 80 分。

这个归纳推理是通过断定二班一组的每个成员（小明、小光、小红和小灵）的平均成绩都不具有"80 分"这一属性，推出"二班一组的平均成绩"不具有"80 分"这个一般性结论的。

完全归纳推理的形式和规则

通过以上两例的分析，我们可以得出完全归纳推理的形式：

S_1 是（或不是）P，

S_2 是（或不是）P，

S_3 是（或不是）P，

……

Sn 是（或不是）P，

S_1、S_2……Sn 是 S 类的全部对象，

所以，所有 S 都是（或不是）P。

要保证完全归纳推理的有效性，需要遵循以下几条规则：

第一，推理前提必须是对某类事物任何个体对象的断定，不能有任何遗漏。

"完全"就是指全部。如果在考察某类事物对象时，遗漏了某个或某一部分对象，那么这个推理就不再是完全归纳推理，所得结论也就不一定为真。请看下面一则幽默故事：

约翰："我买任何产品都要先试用一下。"

推销员："是的，先生。有些产品的确可以而且也应该试用一下，但有些大概不能吧。"

约翰："为什么不能？现在连婚姻都可以试，还有什么产品不能试呢？"

推销员："您说得没错，先生。不过，我还是觉得……"

约翰："不让试用的话，我坚决不购买你们的产品。"

神逻辑：恶补逻辑学的第一本书 ① ② ③
SHEN LUOJI: E BU LUOJIXUE DE DI YI BEN SHU

推销员："如果您执意如此，那好吧。"

约翰："这就对了。顾客就是上帝，你们应该尽量满足顾客的要求。对了，你们公司生产的是什么产品？"

推销员："骨灰盒，先生。"

在这个故事中，约翰由自己买任何产品都必须要试用一下归纳推导出"所有产品都可以试用"的结论。但是，在前提中遗漏了"骨灰盒"这一不能试用的产品，因而得出了错误的结论。这则故事也就是运用了这一点达到幽默效果的。

第二，推理前提的每个判断必须全都是真实的。

如果前提中有任何一个判断不真，那么结论就会是错误的。比如，在前面提到的高斯的故事中，如果从 1 到 100 中，有两个相应的数首尾相加不等于 101，那么高斯的结论就会是错误的，计算结果也会是错误的。

第三，所考察的事物对象数量应该是有限的且有可能对其一一考察。

只有对该类事物中的所有对象进行考察，才能确认结论的真实性。如果所考察的对象数量上是无穷的，或者根本无法 一一考察，那么它就不适用完全归纳推理。比如，如果对某十只乌鸦进行考察，得知它们都是黑色的，从而推出"这十只乌鸦都是黑色的"则是正确的推理；如果由此得出"天下所有的乌鸦都是黑色的"就不是完全归纳推理，因为"天下所有的乌鸦"的数量既不确定，也无法进行一一考察。

第四，推理前提中所有判断的谓项必须是同一概念，联项必须完全相同。

谓项就是指完全归纳推理形式中的"P"，构成前提的所有判断的谓项必须是一样的。比如，在"二班一组的平均成绩不到80分"这个完全归纳推理中，如果其中一个前提的平均成绩高于80分了，那么这个结论就是错误的。联项则是表示事物对象"具有或不具有"某种属性的概念。对于前提中所考察的事物对象，要么是都具有某种属性，要么是都不具有某种属性，有任何一个例外，都推不出必然结论。

不完全归纳推理

不完全归纳推理的含义和形式

从一个袋子里摸出来的第一个是红玻璃球，第二个是红玻璃球，甚至第三个、第四个、第五个都是红玻璃球的时候，我们立刻会出现一种猜想："是不是这个袋里的东西全部都是红玻璃球？"但是，当我们有一次摸出一个白玻璃球的时候，这个猜想失败了。这时，我们会出现另一种猜想："是不是袋里的东西全都是玻璃球？"但是，当有一次摸出来的是一个木球的时候，这个猜想又失败了。那时，我们又会出现第三个猜想："是不是袋里的东西都是球？"这个猜想对不对，还必须继续加以检验，要把袋里的东西全部摸出来，才能见个分晓。

这是我国著名数学家华罗庚在他的《数学归纳法》一书中的一段话，它形象地阐述了不完全归纳推理的特点。其中，出现的三种猜想都是对不完全归纳推理的运用，且以第一种猜想为例：

摸出的第一个东西是红玻璃球，

摸出的第二个东西是红玻璃球，

摸出的第三个东西是红玻璃球，

摸出的第四个东西是红玻璃球，

摸出的第五个东西是红玻璃球，

（摸出的这五个东西是袋子里的部分东西，）

所以，这个袋子里的东西都是红玻璃球。

当然，对第二种、第三种猜想也可以进行类似的分析。这就是不完全归纳推理。

所谓不完全归纳推理是根据某类事物的部分对象都具有或不具有某种属性，推出该类事物全都具有或不具有该属性的推理。比如上面的推理中，根据从袋子里摸出的五个东西都具有"红玻璃球"的属性的前提推出了"这个袋子里的东西"都具有"红玻璃球"的属性的结论。

不完全归纳推理的前提只对某类事物的部分对象作了断定，而结论则是对全部对象所做的断定。因此，不完全归纳推理的结论断定的范围超出了前提断定的范围，是或然性推理。其形式可以表示为：

S_1 是（或不是）P，

S_2 是（或不是）P，

S_3 是（或不是）P，

……

Sn 是（或不是）P，

（S_1、S_2……Sn 是 S 类的部分对象，）

所以，所有 S 都是（或不是）P。

不完全归纳推理的种类

我们前面讲过，根据前提是否揭示考察对象与其属性间的因果联系，不完全归纳推理可以分为简单枚举归纳推理和科学归纳推理。这是不完全归纳推理的两种基本类型。

1. 简单枚举归纳推理

简单枚举归纳推理的含义和形式

简单枚举归纳推理是在经验的基础上，根据某类事物的部分对象都具有或不具有某种属性，在没有遇到反例的前提下推出该类事物全都具有或不具有该属性的推理，也叫简单枚举法。我们上面提到的"红玻璃球"的推理就是简单枚举归纳推理。再比如：

液化不会改变物质的性质，

汽化不会改变物质的性质，

凝固不会改变物质的性质，

结晶不会改变物质的性质，

液化、汽化、凝固和结晶是物理反应的部分对象，

并且没有遇到反例，

所以，物理反应不会改变物质的性质。

简单枚举归纳推理的形式可以表示为：

S_1 是（或不是）P，

S_2 是（或不是）P，

S_3 是（或不是）P，

……

Sn 是（或不是）P，

（S_1、S_2……Sn 是 S 类的部分对象，并且没有遇到反例，）

所以，所有 S 都是（或不是）P。

正确运用简单枚举归纳推理

作为不完全归纳推理的一种，简单枚举归纳推理的结论断定的范围也超出了其前提断定的范围，而且简单枚举归纳推理是建立在经验的基础上的。因此，简单枚举归纳推理很容易出现错误。比如，"守株待兔"这一故事中的"宋人"根据"兔走触株，折颈而死"这仅有一次的情况就得出"兔子都会触株而死"这一结论，从而"释其耒而守株，冀复得兔"。这就犯了"轻率概括"的错误。

那么，如何提高简单枚举归纳推理的有效性，得出尽量可靠的结论呢？

第一，通过寻找反例来验证结论的可靠性。有时候，没有遇到反例不等于不存在反例，比如小王在"便宜货质量不好"的判断上，虽然自己没有遇到反例，但显而易见反例是肯定存在的。简单枚举归纳推理成立的前提就在于没有遇到反例，一旦出现了反例，那么该推理就必然是错误的。所以，在推理过程中，可以通过寻找反例来验证其结论的可靠性。

第二，通过增多考察对象的数量、拓宽考察对象的范围来提高结论的可靠性。显然，一个简单枚举归纳推理的前提所涵盖的对象的数量越多、范围越广，得到的结论的可靠性就越高。因为，每增多一个前提，就多了一个证明结论可靠的证据。证据越多，可靠性越强。所以，增多考察对象的数量、拓宽考察对象的范围是提高结论可靠性的重要手段。

2. 科学归纳推理

科学归纳推理的含义和形式

科学归纳推理是根据某类事物的部分对象与某属性之间的必然联系，在科学分析的基础上推出该类事物全都具有或不具有该属性的推理，也叫科学归纳法。所谓的"必然联系"，一般是指所考察的对象与某种属性间的因果关系。比如：

钠与氧在燃烧条件下反应会生成新物质，

锂与氧在燃烧条件下反应会生成新物质，

钾与氧在燃烧条件下反应会生成新物质，

氢与氧在燃烧条件下反应会生成新物质，

神逻辑：怎补逻辑学的第一本书 ①一②
SHEN LUOJI: E BU LUOJIXUE DE DI YI BEN SHU

钠、锂、钾、氢与氧的反应是化学反应的一部分；

因为在燃烧中，分子破裂成原子，原子重新排列组合，从而生成新物质，

所以，化学反应会生成新物质。

这个推理中，首先知道了"钠、锂、钾、氢与氧的反应"具有"生成新物质"的属性；而后通过科学分析（即在燃烧中，分子破裂成原子，原子重新排列组合，从而生成新物质）知道了"钠、锂、钾、氢与氧的反应"与"生成新物质"之间的因果关系，从而推出了"化学反应会生成新物质"的结论。这就是科学归纳推理的运用。

科学归纳推理的形式可以表示为：

S_1 是（或不是）P，

S_2 是（或不是）P，

S_3 是（或不是）P，

……

Sn 是（或不是）P，

（S_1、S_2……Sn 是 S 类的部分对象，并且 S 与 P 具有必然联系，）

所以，所有 S 都是（或不是）P。

正确运用科学归纳推理

与简单枚举归纳推理相比，科学归纳推理无疑是更为可靠、应用也更为广泛的推理形式。这是因为，科学归纳推理已经不仅仅是根据经验得出的结论，而是对由经验得出的结论再进行科学

分析而得出的对事物更深一层的认识。因此，不管是在日常生活中还是科学研究中，科学归纳推理都有着重要作用。

类比推理

类比推理的含义

《庄子·杂篇》中有一则"庄子借粮"的故事：

庄子家境贫寒，于是向监河侯借粮。监河侯说："行啊，等我收取封邑的税金，就借给你三百金，好吗？"庄子听了忿忿地说："我昨天来的时候，看到有条鲫鱼在车轮辗过的小坑洼里挣扎。我问它怎么啦，它说求我给它一升水救命。我对它说：'行啊，我将到南方去游说吴王越王，引西江之水来救你，好吗？'鲫鱼听了忿忿地说：'你现在给我一升水我就能活下来了，如果等你引来西江水，我早在干鱼店了！'"

在这则故事中，庄子用鲫鱼的处境和自己的处境做类比：鲫鱼急需水救命，庄子急需粮食救命；等引来西江水鲫鱼早就渴死了，等监河侯收取税金自己早就饿死了。通过这种类比，庄子表达了自己对监河侯为富不仁的愤怒。这就是类比推理。

类比推理就是根据两个或两类事物在某些属性上相同或相似，推出它们在另外的属性上也相同或相似的推理。当然，这些属性指的是事物的本质属性，而不是表面属性。其推理形式可以表示为：

A 事物具有属性 a、b、c、d，

B 事物具有属性 a、b、c，

所以，B 事物也具有属性 d。

在这里，A、B 表示两个（或两类）做类比的事物；a、b、c 表示 A、B 事物共有的相同或相似的属性，叫作"相同属性"；d 是 A 事物具有从而推出 B 事物也具有的属性，叫作"类推属性"。比如，上面的故事就可用类比推理的形式表示：

鲫鱼急需水，却要等到西江水来才能得水，那时鲫鱼早已死去，

庄子急需粮，却要等到收取税金后才能得粮，

所以，那时庄子也早已死去。

德国哲学家莱布尼茨说："自然界的一切都是相似的。"这就是说，在客观世界中，客观事物之间存在着同一性和相似性，而这正是类比推理的客观基础。两个完全没有联系和相似之处的事物是无法进行类比推理的，只有两个或两类事物具有某些相同或相似的属性，才能将它们放在一起做类比。

类比推理的种类

根据推理方法的不同，类比推理可以分为正类比推理、反类比推理、合类比推理以及模拟类比推理。

1. 正类比推理

正类比推理是根据两个或两类事物具有某些相同或相似的属性，再根据其中某个或某类事物的其他属性，从而推出另一个或一类事物也具有其他属性的推理。正类比推理也叫同性类比推理，其逻辑形式可以表示为：

A 事物具有属性 a、b、c、d，

B 事物具有属性 a、b、c，

所以，B 事物也具有属性 d。

2. 反类比推理

反类比推理是根据两个或两类事物不具有某些属性，再根据其中某个或某类事物还不具有其他属性，从而推出另一个或一类事物也不具有其他属性的推理。反类比推理也叫异性类比推理，其逻辑形式可以表示为：

A 事物不具有属性 a、b、c、d，

B 事物不具有属性 a、b、c，

所以，B 事物也不具有属性 d。

3. 合类比推理

合类比推理是根据两个或两类事物具有某些相同或相似的属性，推出它们都具有另一属性；再根据它们不具有某些相同或相似的属性，推出它们都不具有另一属性。合类比推理是正类比推理和反类比推理的综合运用，虽然它的推理前提和结论较之于它们复杂，但也比它们全面。其推理形式可以表示为：

神逻辑：恶补逻辑学的第一本书 ①②③
SHEN LUOJI: E BU LUOJIXUE DE DI YI BEN SHU

A 事物有属性 a、b、c、d，无属性 e、f、g、h，

B 事物有属性 a、b、c，无属性 e、f、g，

所以，B 事物有属性 d，无属性 h。

4. 模拟类比推理

模拟类比推理是通过模型实验根据某个或某类事物的属性和关系，推出另一个或一类事物也具有该属性和关系的推理。

仿生学可以说就是运用模拟类比推理为基础发展起来的一门学科。比如模仿青蛙眼睛的独特结构制造出"电子蛙眼"，模仿萤火虫发光的特性制造出人工冷光，模仿能放电的"电鱼"制造出伏特电池等，而模仿各种昆虫的特性制造出的科技产品就更是举不胜举了。此外，人工智能其实也是以模拟类比推理为理论基础的。比如，机器人就是模仿人体结构和功能制造出来的。它们的共同特点是根据自然原型设计制造出模型，使模型具有和自然原型相同或相似的属性、功能和结构等。换言之，它是由原型推出模型的模拟类比推理。其推理形式可以表示为：

原型 A 中，属性 a、b、c 与 d 具有 R 关系，

模型 B 经设计具有属性 a、b、c，

所以，模型 B 中，属性 a、b、c 与 d 也具有 R 关系。

概率归纳推理

概率的定义

据统计，全国 100 个人中就有 3 个彩民。对北京、上海和广州三个城市居民调查的结果显示，有 50% 的居民买过彩票，其中 5% 的居民是"职业"彩民。而要计算彩票的中奖率，就要用到数学中的概率。作为数学中的一个分支学科，概率的历史并不久远。那么，什么是概率呢？

1. 概率的古典定义

每次上抛一枚硬币，出现正面或反面朝上的概率都是二分之一；每次掷一枚骰子，出现 1~6 任一个点的概率都是六分之一。它们的概率就是硬币或骰子可能出现的情况与全部可能情况的比率。可见，概率就是表征随机事件发生可能性大小的量。

如果我们做一个试验，并且这个试验满足这两个条件：（1）只有有限个基本结果；（2）每个基本结果出现的可能性是一样的。那么这样的试验就是概率的古典试验。如果我们用 P 表示概率，用 A 表示试验中的事件，用 m 表示事件 A 包含的试验基本结果数，用 n 表示该试验中所有可能出现的基本结果的总数目，那么 $P(A)=m/n$。这就是概率的古典定义。

但是，在实际情况中，与一个事件有关的全部情况并不是"同等可能的"，比如某一产品合格不合格并不一定是同等可能的，而概率的古典定义恰恰是假定了全部可能情况都是同等可能的。鉴于这种局限性，就出现了概率的统计定义或频率定义。

2.概率的统计定义

在一定条件下，重复做 n 次试验，nA 为 n 次试验中事件 A 发生的次数，如果随着 n 逐渐增大，频率 nA/n 逐渐稳定在某一数值 p 附近，则数值 p 称为事件 A 在该条件下发生的概率，记作 $P（A）=p$。这个定义称为概率的统计定义。也就是说，任一事件 A 出现的概率等于它在试验中出现的次数与试验总次数的比率。比如，抛一枚硬币出现正面的概率是二分之一，那么抛两枚硬币出现正面的概率就是两个二分之一的乘积，即四分之一。

概率归纳推理的含义与特征

概率归纳推理就是由某一事件中个别对象出现的概率推出该类事件中全部对象出现的概率的推理。其逻辑形式可以表示为：

S_1 是 P，

S_2 是 P，

S_3 不是 P，

……

Sn 是 P，

S_1、S_2、S_3……Sn 是 S 类的部分对象，

并且 n 个事件中有 m 个是 P，

所以，所有的 S 都有 m/n 的可能性是 P。

其中，P 指概率，S 指研究的事件，n 指研究的事件中的全部对象，m 则指部分对象。比如，在检验某产品的合格率时就可采用这种概率归纳推理。

概率归纳推理有以下几个特征：

第一，它从某一事件中个别对象的概率推出该事件中全部对象的概率，因此概率归纳推理也是由个别到一般、由特殊到普遍的推理；

第二，概率归纳推理是或然性推理，其结论断定的范围超出了前提断定的范围；

第三，即使推理前提都真，也不能推出必然真的结论；

第四，即使出现反例，概率归纳推理也不影响人们对考察对象的大致了解。这也是它与简单枚举归纳推理的不同之处。

统计归纳推理

统计学

通常来说，"统计"有三个含义：统计工作、统计资料和统计学。统计工作是指搜集、整理和分析客观事物总体数量方面资料的工作，统计资料是指统计工作所取得的各项数字资料及有关文字资料，统计学则是指研究如何搜集、整理和分析统计资料的理论与方法。我们在这里说的主要是统计学。

不管是日常生活还是科学研究，统计都是一种重要的方法。而要运用统计方法，就不得不先了解几个基本概念，即总体、个体、样本。总体就是指研究对象的全体，个体就是总体中的每个对象。为了推断总体分布和各种特征，可以按一定规则从总体中抽取一定的个体进行观察试验，以获得总体的有关信息，其中被抽取的部分个体就叫样本，而抽取样本的过程就叫抽样。

比如，要对高二（1）班的 50 名学生的数学成绩进行考查，这 50 名学生就是总体，其中每个学生就是总体中的个体。如果抽取 10 名学生进行考查，这 10 名学生就是样本，抽取这 10 名学生的过程就叫抽样。如果用抽取的这 10 名学生的成绩之和除以人数，就能得到他们的数学平均成绩。这个平均成绩就是这 10 名学生数学成绩的算术平均数。

所谓算术平均数就是用所考查的一组数据的和除以这些数据的个数而得到的数。比如，如果上述 10 名学生的数学成绩分别是 85、78、90、81、83、89、77、85、72、80，用它们的成绩之和除以 10，所得的 82 就是算术平均数。

统计归纳推理的含义和形式

一般来说，统计归纳推理包括估计、假设检验和贝叶斯推理三种形式。其中，估计是由样本的有关信息推出具有某种性质的个体在总体中所占的比率；假设检验是运用有关样本的信息对统计假说（具有某种性质的个体在总体中所占的比率）进行否定或不否定；贝叶斯推理则不仅要根据当前样本所观察到的信息，而且还要考虑推理者过去所积累的有关背景知识。

我们这里讨论的统计归纳推理就是由样本具有某种属性推出总体也具有该属性的推理。作为归纳推理的主要形式之一，统计归纳推理是以一些数据或资料为前提，以概率演算为基础，由样本所含单位具有某属性的相对频率推出总体所含单位具有该属性的概率。比如，我们就可以由所得出的 10 名学生 82 分的数学平均成绩，推出高二（1）班学生的数学总平均成绩也是 82 分。统计归纳推理的推理形式可以表示为：

S_1 是 P，

S_2 是 P，

S_3 不是 P，

……

Sn 是 P，

S_1、S_2、S_3……Sn 是 S 类的部分对象，

并且其中有 m 个是 P，

所以，所有的 S 中有 m/n 个是 P。

第六章

科学逻辑方法

——逻辑是门科学，科学要讲方法

什么是科学逻辑方法

逻辑方法与科学方法

我们前面讲过，逻辑思维方法就是指依靠人的大脑对事物外部联系和综合材料进行加工整理，由表及里，逐步把握事物的本质和规律，从而形成概念、建构判断和进行推理的方法。

科学方法则是指人们为达到认识客观世界的本质及规律这一基本目的而采用的手段、方式和途径，包括在一切科学活动中采用的思路、程序、规则、技巧和模式。简单地说，科学方法就是人类在所有认识和实践活动中所运用的全部正确方法。

从种类上说，科学方法分为描述事实的经验认识方法和解释事实的理论思维方法；从层次上看，科学方法可以分为哲学—逻辑方法、经验自然科学方法、特殊的科学方法和个别的科学方法。其中，哲学—逻辑方法适用于自然科学、社会科学、思维科学以及人们日常生活的各个方面；经验自然科学方法则仅仅适用于经验自然科学；特殊的科学方法适用于一门或几门学科；而个别的科学方法则是指运用望远镜、显微镜方法。也有人把科学方法分为单学科方法（或专门科学方法）、多学科方法（或一般科学方法，适用于自然科学和社会科学）和全学科方法（具有最普遍方法论意义的哲学方法）三个层次。

逻辑方法与科学方法是紧密联系在一起的。物理学家爱因斯坦说过："一切科学的伟大目标，即要从尽可能少的假说或者公理出发，通过逻辑的演绎，概括尽可能多的经验事实。"他同时也指出："逻辑简单的东西，当然不一定就是物理上真实的东西，但物理上真实的东西一定是逻辑上简单的东西。"事实上，思维方法本身就是通过概念、判断、推理的运用来揭示客观事物间的因果联系的。而且，在揭示事物真相的过程中，观察、实验、比较、分析与综合都是最为常用的研究方法，它们也需要借助概念、判断、推理等逻辑方法来揭示客观事物间的因果联系。在这方面，逻辑方法与科学方法是难分彼此的。

科学逻辑方法

科学思维逻辑方法就是逻辑方法与科学方法的综合运用，简称科学逻辑方法。科学逻辑方法可以说是在科学基础上运用逻辑方法去认识、揭示客观事物的规律和本质的方法，也可以说是在逻辑的辅助下，运用科学方法去认识、揭示客观事物的规律和本质的方法。

我们所讨论的科学逻辑方法主要包括科学解释的逻辑方法、科学预测的逻辑方法、探求因果联系的逻辑方法和科学假说的逻辑方法等。其中，科学解释的逻辑方法是关于科学解释的逻辑模式与逻辑方法的理论；科学预测的逻辑方法是关于科学预测的逻辑模式和逻辑方法的理论；探求因果关系的逻辑方法则是探求客观事物之间因果联系的逻辑方法，它又可以分为求同法、求异法、求同求异并用法、共变法以及剩余法；而科学假说的逻辑方法则是指人们依据一定的事实材料和科学原理，对事物的未知原因或规律性所做的假定性解释的逻辑方法。爱因斯坦曾说："物理学的任务，仅在于用假说从经验材料中总结出这些规律。"由此可见科学假说的逻辑方法的重要性。

什么是因果联系

因果联系的含义

　　古希腊伟大的唯物主义哲学家德谟克利特一生都在探求事物之间的因果联系，并以此为最大快乐。他曾说过："宁可找到一个因果的解释，不愿获得一个波斯王位。"比如，如果你看见一只乌龟突然从天下掉下来，并恰好落在一个秃头上，你肯定以为这是一件不可思议的事。但德谟克利特会告诉你，世上没有不可思议的事，任何结果都是有原因的。不信你抬头看，乌龟一定是从正在天上盘旋的那只老鹰爪中掉下来的。德谟克利特就是要通过这件事告诉我们，任何事物都是处在普遍联系之中的，而一个结果的产生也一定有着它的原因，这就是事物间的因果联系。

因果联系的特征

任何事物都处于普遍联系中，但并非任何联系都是因果联系。比如，"鱼儿离不开水，瓜儿离不开秧"中，鱼和水、瓜和秧之间的联系是指事物间的直接联系；"城门失火，殃及池鱼"中，火和鱼之间的联系是指事物间的间接联系，但它们并非因果联系。因果联系作为事物间关系的重要表现形式之一，有着它独有的特征。

第一，由因果联系的定义可知，它是一种引起与被引起的关系；同时，原因作为引起的现象，一般都是先出现的，结果作为被引起的现象，一般都是后出现的，原因和结果有着先行后续的关系。因此，因果联系是一种先行后续的引起与被引起的关系。比如，苹果成熟后掉落地上，而不是飞向天上，是因为万有引力的原因。先有万有引力，然后才有苹果落地，这是先行后续的关系；万有引力引起苹果落地，这是引起与被引起的关系。

第二，因果联系普遍存在于自然、社会以及人的思维之中，具有普遍性。比如：

一天，通用汽车公司黑海汽车制造厂总裁收到一封抱怨信，说是开着该厂的汽车去买冰激凌，只要是买香子兰冰激凌，汽车便发动不了，而买其他牌子的冰激凌，汽车却一切正常。黑海厂总裁对这封信迷惑不解，但还是派了一名工程师去查看。但是，工程师在进行调查时也遇到了相同的问题，而且一连三次都是如此，这让他百思不得其解。接下来的调查中，他开始对日期、汽车往返时间以及汽油类型等做认真详细的记录。最后终于发现，车主买香子兰冰激凌比买其他冰激凌用的时间要短，从而找出了汽车停的时间太短就无法启动的原因。经过进一步研究，发现它跟气锁有关。买冰激凌的时间长的话，可以使汽车充分冷却以便启动；买冰激凌时间短的话，汽车引擎就还是热的，所产生的气锁就耗散不掉，因而汽车无法启动。

一个冰激凌竟然影响到一辆汽车的启动，让人不能不承认因果联系的普遍性。

第三，当相同的原因和一切所必需的条件都存在时，就会必然产生结果，而且只产生相同的结果。这就是因果联系的必然性和确定性。比如，苹果落地和万有引力是因果联系，但是苹果落地与牛顿发现万有引力却不是必然联系。因为看到苹果落地的人很多，但只有牛顿一人发现了万有引力，这是因果联系的必然性。同时，只要在适用于万有引力的条件下，就一定会产生苹果落地的结果，而不是上天或停留在空中，这是因果联系的确定性。

第四，一般来说，因果联系有一因一果、一因多果、多因一果和多因多果等各种形式，而且有时候甚至不能说出到底哪个是因、哪个是果。也就是说，有时候事物之间可能会互为因果。这就是因果关系的复杂多样性。比如，经济落后可能会造成教育落后、科技落后、军事落后等多个结果；而教育落后、科技落后、军事落后等又必然造成经济落后。

第五，世上没有无因之果，也没有无果之因，原因和结果总是相互依存、共存共生的关系。这就是因果联系的互存性。"黄鼠狼给鸡拜年——没安好心"是这个道理，"没有无缘无故的恨，也没有无缘无故的爱"也是这个道理。

探求因果联系的逻辑方法

事物间的因果联系具有普遍性和客观性，这是人们正确认识事物的前提。只有正确把握因果联系，才能提高人们进行各种活动的自觉性和预见性，在科学研究发现中尤其如此。事实上，科学解释就是在根据现有各种科学现象的"果"去探索它们存在或发生、发展的"因"；而科学预测也是在科学理论和相关条件的基础上，根据事物间的因果联系预测新事物的存在。

当然，事物间的因果联系是复杂多样的，要探求复杂多样的因果联系，就要运用科学的逻辑方法。常用的探求事物间因果联系的逻辑方法有求同法、求异法、求同求异并用法、共变法以及剩余法。这五种方法是约翰·穆勒在用归纳法研究自然界的因果联系时创立的，所以称为"穆勒五法"。

求同法

求同法的含义、形式和特点

有甲、乙、丙三块地，在甲地里施磷肥、氮肥、浇水，在乙地里施磷肥、钾肥、除草，在丙地里施磷肥、钙肥、杀虫，结果发现这三块地的产量都高了。由此人们认为，这三块地都缺磷，磷肥是粮食产量提高的原因。

在这里，人们就是运用求同法来探求粮食产量提高的原因的。

所谓求同法，就是在某一被研究对象出现的若干不同的场合中，除某个情况相同外，其他情况均不同，那么这个相同的情况就是被研究对象的原因，它们之间具有因果联系。所以，求同法也叫契合法。如果我们用1、2、3等表示若干不同的场合，用 A、B、C 等表示先于结果出现的各种情况，用 a 表示被研究对象，求同法的逻辑形式就可以表示为：

场合	先行情况	被研究对象
1	A、B、C	a
2	A、D、E	a
3	A、F、G	a
……	……	……

所以，A 是 a 的原因。

在场合 1 中，a 与 A、B、C 一起出现；在场合 2 中，a 与 A、D、E 一起出现；在场合 3 中，a 与 A、F、G 一起出现……A 是 a 在各种场合出现时的共同情况，所以 A 是 a 出现的原因，A 与 a 具有因果关系。

根据求同法的逻辑形式，上面所举的例子可以这样表示：

场合	先行情况		被研究对象
甲地	施磷肥、氮肥、浇水	粮食	产量提高
乙地	施磷肥、钾肥、除草	粮食	产量提高
丙地	施磷肥、钙肥、杀虫	粮食	产量提高

所以，施磷肥是粮食产量提高的原因。

在这里，施磷肥是粮食产量在三块不同的地里得以提高的共同条件，所以施磷肥是粮食产量提高的原因，二者具有因果关系。再比如：

小王、小张、小李三人的生长环境、学习条件、生活条件以及工作条件都不相同，但他们都有着一个好身体。这是为什么呢？经调查发现，原来他们都喜欢运动，而且每周都有固定的运动量。于是，人们推测出运动是他们身体好的原因。

通过上面的分析，我们可以得出求同法在探求事物间的因果关系时有以下三个特点：

第一，求同法依据的是因果关系的确定性特征，即在必需条件都具备的情况下，同样的原因会引起相同的结果。比如上面的两个事例中，施磷肥在各种不同的场合中都引起"粮食产量提高"这一结果;运动在不同的情况中都引起"身体好"这一结果。

第二,求同法是"异中求同"或者说是"求同除异",即在各不相同的场合中排除相异的因素,找出相同的因素。比如,上面两个事例中分别排除了施氮肥、钾肥、钙肥、除草、浇水、杀虫等不同因素以及生长环境、学习条件、生活条件、工作条件等不同因素,从而分别找出了施磷肥和运动这一相同的因素。

第三,求同法是或然性推理,所推出的结论也是或然的。这主要是因为求同法基本上是根据经验观察而判断出事物间的因果关系的,而经验并不是任何时候都正确的,所以凭经验得出的结论也就不必然是真的。因此,可以说求同法是一种观察方法,而不是实验方法。

求异法

求异法的含义与形式

有甲、乙两块地,它们连续两年粮食产量都不高,但又不知道是什么原因。于是,人们开始通过实验的方法探求粮食产量低的原因。在其他条件都相同的情况下,人们在甲地里施磷肥、浇水、除草、杀虫,在乙地里浇水、除草、杀虫。结果发现,甲地的粮食产量有了明显提高,乙地的产量则没变。由此人们认为,施磷肥是粮食产量提高的原因，二者具有因果关系。

在这里，人们就是运用求异法来探求粮食产量提高的原因的。

所谓求异法，就是在某一被研究对象出现和不出现的两个场合中，除某个情况不同外，其他情况均相同，那么这个不同的情况就是被研究对象的原因，它们之间具有因果联系。所以，求异法也叫差异法。如果我们用1、2表示两个不同的场合，用A、B、C等表示先于结果出现的各种情况，用a表示被研究对象，求异法的逻辑形式就可以表示为：

场合	先行情况	被研究对象
1	A、B、C	a
2	—B、C	—

所以，A是a的原因。

在场合1中，a与A、B、C一起出现；在场合2中，A没有出现，a也没有出现。因此，A是a出现的原因，二者具有因果关系。

根据求异法的逻辑形式，上面所举的例子可以这样表示：

场合	先行情况	被研究对象
甲地	施磷肥、浇水、除草、杀虫	粮食产量提高
乙地	—浇水、除草、杀虫	—

所以，施磷肥是粮食产量提高的原因。

在这里，甲、乙两块地的其他条件都相同，施磷肥是其唯一不同之处。所以，施磷肥是甲地粮食产量提高的原因。再比如：

为了找出蝙蝠在黑暗中自由飞翔并准确辨别方向的原因，科学家对其进行了实验。首先，科学家把蝙蝠的双眼罩住，结果发现蝙蝠依然能像往常一样准确地辨别方向，丝毫没有因为双眼不能视物而受影响。于是，科学家又换了一种方法，即将蝙蝠的双耳罩住。这下科学家们发现，蝙蝠突然失去了方向感，在空中到处乱飞，不时地撞在墙上。而当科学家把罩住蝙蝠耳朵的东西除去后，蝙蝠又恢复了往常的辨向能力。由此科学家们得出了蝙蝠是靠双耳来辨别方位的结论。

在这个实验中，科学家们就是采取求异法来探求蝙蝠的双耳与其辨别方位之间的因果联系的，即在其他条件完全相同的情况下，罩住双耳的蝙蝠不能辨别方位，没有罩住双耳的蝙蝠则可以辨别方位。

求异法的特点和需要注意的问题

通过上面的分析，我们可以得出求异法在探求事物间的因果关系时有以下三个特点：

第一，求异法是采用实验的方法进行的，而且一般都是在两个场合中进行；

第二，求异法是"同中求异"，即在两个场合中出现的错综复杂的情况中，排除相同的情况，找出不同的情况；

第三，求异法是或然性推理，所推出的结论也是或然的。这一方面是因为实验手段本身存在的局限性或误差，另一方面是因为现实中的因果关系是极为复杂的，所推出的那个差异未必是引起相应结果的根本原因。

求异法主要用于各种实验中。因为，求异法一般只在两个场合中进行，一个是被研究对象出现的场合，一个是被研究对象不出现的场合。而且，在这两个场合中，只有一种情况不同，其他情况都相同，这对进行试验有很大便利。比如，在进行蝙蝠实验的时候，只需把蝙蝠的眼睛或耳朵罩住或松开即可，整个实验场所及条件都不需要改变。这就省去了很多麻烦，便于实验的顺利进行。因此，求异法是科学研究中最为常用的方法之一。但是，在运用求异法探求因果关系的时候，要保证所得结论的可靠性，就要注意以下几个问题：

第一，要确保被研究对象出现和不出现的两个场合中只有一个情况是不同，而其他情况或条件务必相同。只有在这个前提下，所推出的结论才可能是可靠的。反言之，如果不同的情况不唯一，那就无法判断这些情况究竟哪个是原因了。看下面一则故事：

一天，约翰穿着旧衣服去参加一个宴会。在酒店门口，约翰被保安拦住了，理由自然是保安觉得他衣着破旧，不像赴宴的人。直到约翰拿出请柬时，保安才放他进去。进入富丽堂皇的宴会大厅后，满大厅衣着华丽的人都没有理约翰，甚至还嘲笑他的寒酸。约翰很生气，便立刻回去穿了件高档的华丽的礼服，重新回到酒店。这时保安很礼貌地向他问好，宴会上的客人也都争相和他谈话、敬酒。约翰没理那些人，而是当着众人的面脱下了礼服，把它扔到了餐桌上，说道："喝吧，衣服！"众人都很吃惊，约翰却若无其事地说："我穿着旧衣服赴宴时，没人理我，也没人给我敬酒；我穿着华丽的礼服赴宴时，你们都争相和我打招呼、敬酒，可见你们尊敬的不是我，而是我的衣服，那就让它陪你们吧。"说完，约翰便扬长而去。

在这个故事中，约翰就是用求异法得出结论的。而且，他在运用求异法进行推理时，被研究对象出现和不出现的两个场合除了一个情况（即华丽的礼服）不同外，其他情况（宴会环境、客人等）完全相同。因此，他得出的结论是可靠的。相反，如果此外还有其他情况不同，比如约翰的言行举止先后不同，那么约翰的这个结论就不一定正确了。

第二，要确保两个场合中那个唯一的不同情况是引起相应结果的全部原因，而不是部分原因。比如上面的事例中，如果引起甲地粮食产量提高的原因除了"施磷肥"之外，还有别的（比如光照、温度等），那所推出的结论就是错误的。

第三，要确保两个场合中那个唯一的不同情况是引起相应结果的根本原因。这主要是因为，在所得出的那个不同情况中，有可能存在其他因素需要进一步探讨。比如，我们在上节谈到的"引起燃烧的原因是氧气而不是空气"就是这个道理。

求同求异并用法

求同求异并用法的含义

求同求异并用法，也叫契合差异并用法，是指在被研究对象出现的若干场合中，只有一个情况相同；而在被研究对象不出现的若干场合中，都没有出现这一情况，那么这一情况就是被研究对象的原因，二者具有因果联系。其中，我们把被研究对象出现的若干场合叫作正面场合，把被研究对象没有出现的若干场合叫作反面场合。在正面场合所列举的事例叫正事例组，在反面场合列举的事例叫负事例组。比如：

为了研究候鸟在长途迁徙过程中识别方向的原因，科学家们做了这样一个实验。在一个四周装有窗户的六角亭里，设置了一个玻璃底圆柱形铁丝笼，笼中是候鸟的代表——椋鸟。实验首先是在晴天时进行的。经过观察，科学家发现当阳光射进亭子里时，笼中的椋鸟立刻就开始向着它们迁徙的方向飞行；当用镜子将阳光折转60度时，椋鸟的飞行方向也会随着调转60度；当阳光被折转90度时，椋鸟的飞行方向也会调转90度。经过反复实验，发现椋鸟总是随着太阳的方向飞的。接着，科学家又在阴雨天气进行实验，结果发现，在太阳消失的阴雨天里，椋鸟很快就迷失了方向。由此科学家们得出结论：候鸟是通过太阳定向的。

在这个实验中，科学家就是通过求同求异并用法来探求太阳与椋鸟定向的因果关系的。在椋鸟能够定向的几个场合里，都有"太阳"这一相同情况；在椋鸟不能定向的几个场合里，都没有"太阳"这一情况。因此，太阳是椋鸟定向的原因，二者具有因果关系。

求同求异并用法的形式和步骤

如果我们用 a 表示被研究对象，用 A 表示共同因素，用 B、C、D 等表示出共同因素外的有关因素，那么求同求异并用法的逻辑形式就可以表示为：

	场合	先行情况	被研究对象
	1	A、B、C	a
正面场合	2	A、D、E	a
	3	A、F、G	a
	……	……	
	1	—B、G	—
反面场合	2	—M、N	—
	3	—P、Q	—
	……	……	……

所以，A 是 a 的原因。

从这个逻辑形式中我们可以看出，在被研究对象 a 出现的正面场合（1、2、3……）中，只有一个相同因素 A；在被研究对象 a 没有出现的反面场合（1、2、3……）中，都没有这个相同因素 A。

这种性质决定了我们在使用求同求异并用法进行分析时，要分三个步骤：

（1）在正面场合中，被研究对象 a 出现时，都有一个相同因素 A。根据求同法可知，A 是 a 的原因，二者具有因果关系；（2）在反面场合中，被研究对象 a 没有出现时，都没有出现相同因素 A。根据求同法可知，A 不出现是 a 不出现的原因，二者具有因果关系；（3）综合比较正、反面场合的结果，即 A 出现时 a 出现，A 不出现时 a 不出现。根据求异法可知，A 是 a 的原因，A 与 a 具有因果关系。比如上面提到的关于"候鸟定向"的实验，就是通过这样三个步骤来进行的：在被研究对象"椋鸟"能够定向的正面场合（即晴天）中，都有一相同因素"太阳"，根据求同法可知，"太阳"与"椋鸟"定向具有因果关系；在被研究对象"椋鸟"不能够定向的反面场合（即阴雨天）中，都没有相同因素"太阳"，根据求同法可知，"太阳"不出现与"椋鸟"不能够定向具有因果关系；再运用求异法对这两个结果进行分析可知，"太阳"与"椋鸟"定向具有因果关系，进而得出太阳与候鸟定向具有因果关系。

从求同求异并用法的使用步骤来看，它是通过在正、反面场合中分别使用求同法，再对其所得结论使用求异法，最终推出 A 与 a 的因果联系的。简言之，就是通过两次使用求同法，一次使用求异法推出结论的。因此，相对于求同法和求异法而言，求同求异并用法要复杂得多，显然也可靠得多。

求同求异并用法与求同、求异法相继运用的区别

求同求异并用法并不等于求同法和求异法的相继运用。

在求同求异并用法中，正面场合都有相同因素 A 且被研究对象 a 出现，反面场合都没有相同因素 A 且被研究对象 a 不出现。从这方面看，反面场合是对正面场合的检验。但是，反面场合只是通过选择 A 不出现的场合进行检验，而不是通过消除 A 来进行检验的。

在求同法和求异法的相继运用中，是先运用求同法得出一个结论，再运用求异法对其进行检验。如果我们通过观察，发现某一相同因素 A 与某一被研究对象 a 具有因果联系。那么，我们就可以通过求异法对其进行检验，即通过实验消除这一相同因素 A，然后观察这时 a 是否会出现。也就是说，求异法是通过消除 A 来对求同法所得结论进行检验的，而不是选择 A 不出现的场合进行检验。

显然，选择 A 不出现的场合与消除 A 并不是一回事。因为，由前者推出 A 与 a 具有因果联系显然没有由后者推出这一结论可靠。这就好比孙悟空与唐僧的安全之间的关系。如果我们要检验孙悟空与唐僧的安全是否具有因果关系，那么，选择孙悟空不在的时候看唐僧是否安全显然没有直接把孙悟空赶走再看唐僧是否安全更为可靠。

有"药王"之称的孙思邈在研究脚气产生的病因时运用的就是求同求异并用法。首先，他通过观察发现，富人得脚气病的比穷人多。然后，他又发现虽然富人有各种各样的生活经历和习性，但都有一个相同点，即不吃粗粮；而穷人虽然也有各种各样的生活经历和习性，但也有一个相同点，即吃粗粮。由此他认

神逻辑：恶补逻辑学的第一本书 ① ② ③
SHEN LUOJI: E BU LUOJIXUE DE DI YI BEN SHU

为，不吃粗粮是得脚气病的原因。用逻辑形式表示就是：

	先行情况	被研究对象
	富人甲不吃粗粮	得脚气病
正面场合	富人乙不吃粗粮	得脚气病
	富人丙不吃粗粮	得脚气病
	……	……
	穷人甲吃粗粮	没有脚气病
反面场合	穷人乙吃粗粮	没有脚气病
	穷人丙吃粗粮	没有脚气病
	……	……

所以，不吃粗粮是得脚气病的原因。

无疑，孙思邈由此得出"不吃粗粮是得脚气病的原因"这一结论是有一定科学性的，而且他用米糠、麸子等粗粮治疗脚气病也有明显效果。在这里，孙思邈就是通过选择相同因素（即不吃粗粮）不出现的反面场合对正面场合进行检验的。但显然，并不是所有的富人都有脚气，也并不是所有的穷人都没有脚气。所以，用穷人吃粗粮而没有脚气来检验富人不吃粗粮而得脚气的可靠性就没那么高了。如果在运用求同法得出结论后，再采用求异法对其检验就比直接采用求同求异并用法更为可靠些。

首先，运用求同法进行分析：

场合	先行情况	被研究对象
1	富人甲不吃粗粮	得脚气病

| 2 | 富人乙不吃粗粮 | 得脚气病 |
| 3 | 富人丙不吃粗粮 | 得脚气病 |

所以，不吃粗粮是得脚气病的原因。

然后再运用求异法，即消除相同因素"不吃粗粮"对该结论进行检验：

场合	先行情况	被研究对象
1	富人甲吃粗粮	没有脚气病
2	富人乙吃粗粮	没有脚气病
3	富人丙吃粗粮	没有脚气病

所以，吃粗粮是不得脚气病的原因。

所以，由求同法和求异法的相继运用得到的结论要比求同求异并用法得到的结论更具可靠性。

在孙思邈发现脚气病因一千多年后的 1890 年，荷兰医生克里斯琴·艾克曼才发现了粗粮与脚气病的关系。虽然中外医学家先后各自发现了不吃粗粮与得脚气病的因果联系，但是并没有弄清楚究竟是粗粮中的什么物质防治的脚气病。这个谜团直到 1911 年才被波兰生化学家卡西米尔·芬克解开。原来，米糠中有一种碱性含氮的晶体物质，这种物质属于胺类，芬克将其称为"生命胺"。它才是防治脚气的真正原因。

由此可知，不管是求同求异并用法还是求同法和求异法的相继运用，所推出的结论不一定是最终结论。因为科学是不断进步的，而人们的认识也会随着科学的进步越来越深入。

第七章

逻辑基本规律

——套路背后的逻辑，都有基本准则

逻辑的基本规律

所谓规律，就是事物运动过程中固有的本质的必然的联系，它决定着事物的发展方向。人们在认识和改造客观世界的过程中，必须遵循一定的规律。规律是客观存在的，不以人的意志为转移。只有遵循事物发展的规律，才能推动事物的发展；违背了事物发展的规律，就必然会导致失败。在人们进行思维活动的时候，也要遵循一定的逻辑规律。事实上，思维规律本就是逻辑学的三大研究对象之一。只有遵循逻辑规律，才能进行正确、有效的思维活动；一旦违背了逻辑规律，就必然导致思维的混乱。逻辑规律就像是人类社会的法律，只要身处其中，就必须遵循。不同的是，法律规范的是人的行为，而逻辑规律规范的是人的思维活动。

逻辑规律可以分为特殊的逻辑规律和一般的逻辑规律，也有人把它分为非基本的逻辑规律和基本的逻辑规律，或者是具体的逻辑规律和基本的逻辑规律。

所谓特殊的逻辑规律是在某些特定范围内需要遵循的逻辑规律。比如，直言判断的对当关系、直言三段论、联言推理、假言推理、选言推理以及二难推理等所遵循的规则都是特殊的逻辑规律。在进行直言三段论推理时，就必须遵循直言三段论的逻辑规律；反之，直言三段论的逻辑规律也只适用于直言三段论推理，而不适用于其他推理。因此，特殊的逻辑规律的作用是有限的，只适用于某一特定范围。

一般的逻辑规律就是指逻辑的基本规律，即普遍适用于逻辑思维过程中的一般性规律。它一般包括同一律、矛盾律、排中律以及充足理由律。这四条基本的逻辑规律既是对人类思维活动的基本特征的反映，也是对人们进行正确的思维活动的要求。

此外，逻辑基本规律还有两个基本特征，即普遍性和论证性。其存在的普遍性，简而言之，就是指逻辑基本规律对人们的思维活动具有普遍的规范性和指导意义。而人们在对某一思想或观点进行论断的过程中，逻辑基本规律也显示了它的论证性。事实上，正是在逻辑基本规律的规范下，论证过程才得以顺利进行。

总之，只有遵循逻辑的基本规律，才能使人们的思维活动具有一贯性、明确性和无矛盾性，也才能使我们的思维过程明确概念，进行恰当而有效的判断、推理和强有力的论证。

同一律

同一律的基本内容

清代袁枚的《随园诗话补遗》里有这么一则记载：

唐时汪伦者，泾川豪士也，闻李白将至，修书迎之，诡云：

"先生好游乎？此地有十里桃花。先生好饮乎？此地有万家酒店。"李欣然至。乃告云："桃花者，潭水名也，并无桃花。万家者，店主人姓万也，并无万家酒店。"李大笑，款留数日，赠名马八匹、官锦十端，而亲送之。李感其意，作《桃花潭》绝句一首。

这则逸事中的汪伦即李白《赠汪伦》中"桃花潭水深千尺，不及汪伦送我情"中的汪伦。汪伦故意把深十里的桃花潭说成"十里桃花"，把姓万的主人开的酒店说成是"万家酒店"，终于迎来了李白。他这样做，到底是求贤若渴还是沽名钓誉且不论，其巧妙运用同一律的做法则不能不让人赞叹，怪不得李白听后也"大笑"不已，并赠诗予他了。

作为逻辑基本规律之一的同一律是指在同一思维过程中，每一思想都与其自身保持同一性。这里的"同一"，既包括同一思维过程中的同一时间，又包括其中的同一关系和同一对象。也就是说，在推理或论证某一思想的时候，在同一思维过程中，涉及该思想的时间、关系以及对象都必须始终保持同一。前面的推理或论证中该思想出现时是什么时间、什么关系、哪个对象，后面推理或论证时也要是这一时间、这一关系和这一对象。这三个要素中有任何一个不同一，都会违反同一律，犯混淆概念、论题或转移概念、论题的错误。比如下面这句话：

唐代以后，古体诗尤其是长篇古体诗转韵的例子有很多，比如张若虚的《春江花月夜》和白居易的《琵琶行》《长恨歌》等。

这句话中，在论证"古体诗转韵"这一思想时，前面提到的时间是"唐代以后"，后面举的例子的时间却是"唐代"（张若虚、白居易俱为唐代人），在时间上没有保持同一性，因而是错误的。

一般来讲，时间、关系和对象都可以通过概念或判断表现出来。所以，在同一思维过程中，保持时间、关系和对象的同一性就是保持概念和判断的同一性。这也是同一律的基本要求。

保持概念的同一性就是要求在同一思维过程中，每个概念都要与其自身保持同一性，即每个概念的内涵和外延都要具有确定性。这主要是因为，概念的内涵和外延都是极为丰富的，如果在同一思维过程中，前面用的是某概念的这一内涵或外延，而后面用的是该概念的另一内涵或外延，那么这个概念的内涵和外延就是不确定的。这就违反了同一律，必然造成思维的混乱。比如，古希腊著名诡辩家欧布利德斯曾这样说："你没有失掉的东西，就是你有的东西；你没有失掉头上的角，所以你就是头上有角的人。"他的这一推理可以用三段论形式来表示：

凡是你没有失掉的东西就是你有的东西，

你头上的角是你没有失掉的东西，

所以，你头上的角是你有的东西。

在这个推理中，大前提中的"你没有失掉的东西"是指原来具有而现在仍没有失掉的东西；小前提中的"你没有失掉的东西"则是指你从来没有的东西，二者显然不是同一概念。从推理形式来说，这一推理犯了"四词项"错误；从思维过程来说，这一思维过程违反了同一律，犯了偷换概念的错误。这就是欧布利德斯的诡辩。

保持判断的同一性就是要求在同一思维过程中，每个判断都要与其自身保持同一性，即每个判断的内容都要具有确定性。也就是说，不管是在你表达自己的观点时，还是在你与别人进行讨论或辩论某一个问题时，或者是对某一错误观点进行反驳时，都要保持判断的确定性，即一个判断原来断定的是什么，后来断定的也要是什么，判断的真假值必须前后一致。否则就会违反同一律，造成思维的混乱。

需要注意的是，同一律不是哲学上讲的"表示对事物根本认识的"世界观和"认识、改造客观世界的"方法论。也就是说，它本身并非对一切事物都绝对与自身同一且永不改变的断定。它只是规范人们思维活动的一条规律，只对人们在同一思维过程中保持概念或判断的前后同一性做要求。而且，它并不否定概念或判断随着事物的发展产生的变化，只是要求人们在同一思维过程中不能任意改变概念和判断的确定性。

同一律的作用

同一律是逻辑的基本规律之一，也是对客观事物的反映。遵循同一律，无疑是正确反映客观事物的前提。只有正确地反映客观事物，才能做出正确的判断、推理和论证，从而进行正确、有效的思维活动。同时，同一律也是保证同一推理或论证过程中任一概念、判断与其自身同一的法则，而这又是保证思维的确定性的必要条件。此外，遵循同一律可以让人们正确地表达自己意见，反驳错误的观点，揭露诡辩者的真面目，让人们充分、有效地交流思想。

矛盾律

矛盾律的基本内容

一天，一个年轻人来到爱迪生的实验室，爱迪生很礼貌地接待了他。年轻人说："爱迪生先生，我很崇拜您，我很希望能到您的实验室工作。"爱迪生问道："那么，您对发明有什么看法呢？"年轻人激动地说："我要发明一种万能溶液，它可以毫不费力地溶解任何东西。"爱迪生惊奇地看着他说："您真了不起！不过，既然那种溶液可以毫不费力地溶解一切，那么您打算用什么东西来装它呢？"年轻人顿时语塞。

这则故事中，年轻人和《韩非子》中卖矛和盾的那个楚人犯了同样的错误，都违反了矛盾律。既然"万能溶液"可以溶解一切，自然也能溶解实验设备及盛装它的器皿。如此一来，这种溶液不但无法发明，更无法保存。这显然是自相矛盾的。

矛盾律就是指在同一思维过程中，互相否定的两个思想不能同时为真。这里的互相否定既指互相矛盾，也指互相反对。也就是说，在同一思维过程中，人们的任何推理、论证过程都必须保持前后一贯性，两个互相矛盾或互相反对的思想不能同时为真，必须有一个为假。这也是矛盾律对思维活动的基本要求。当然，同一思维过程也是指同一时间、同一关系和同一对象。

违反矛盾律的逻辑错误

作为逻辑的基本规律之一，矛盾律对人们进行正确的思维活动有着重要的规范作用。在同一思维过程中，如果互相矛盾或互相反对的思想同时为真，或者说在同一时间和同一关系的前提下，对同一对象做互相矛盾或互相反对的判断，就会违反矛盾律，犯"自相矛盾"的错误。这种"自相矛盾"的错误，不仅指概念间的自相矛盾（比如"圆形的方桌""冰冷的热水"等），也包括判断间的自相矛盾（比如"这幅画上有两只蝴蝶"和"这幅画上有一只蝴蝶"等）。

看下面一则故事：

据说，关羽死后成了天上的神。一次，他正在天庭散步，突然看到一个挑着一担帽子的人走过来。关羽喝道："你是干什么的？"这人答道："小的是卖高帽子的。"关羽怒斥道："你们这种人最可恨，许多人就是因为喜欢戴高帽子才犯了致命的错误。"这人恭敬地答道："关老爷您说得没错，世上有几个人能像您一样刚正不阿，对这种高帽子深恶痛绝呢？"关羽心中大喜，便放他走了。走远后，这人回头看了下担子，发现上面的高帽子少了一顶。

这则故事中，关羽本来对喜欢戴高帽子的人是深恶痛绝的，可自己被人戴了高帽子后，又大喜过望。对同一件事有着完全相反的表现，可谓自相矛盾。

事实上，与同一律一样，矛盾律也是对思维的确定性的一种要求。如果说同一律是从肯定的角度（即"A 是 A"）对同一思维过程中的思想的确定性进行规范，那么矛盾律（即"A 不是非 A"）就是从否定的角度对其进行规范。因此可以说，矛盾律实际上是同一律的一种引申。

逻辑矛盾与辩证矛盾

逻辑矛盾是指在同一思维过程中，因违反矛盾律而犯的逻辑错误。所以，逻辑矛盾也叫自相矛盾。它主要是说同一认识主体在同一时间、同一关系里对同一对象做出互相矛盾或互相反对的判断。而辩证矛盾则是指客观事物内部存在的既对立又统一的矛盾，列宁称其为"实际生活中的矛盾"，而不是"字面上的、臆造出来的矛盾"。这是逻辑矛盾与辩证矛盾含义上的区别。比如：

（1）他在这次 10000 米越野赛中获得冠军，但不是第一名。

（2）他在这次 10000 米越野赛中虽然是最后一名，但他仍然是成功的，因为他坚持到了最后。

第一句话中，既然说"冠军"，又说"不是第一名"，显然是犯了"自相矛盾"的逻辑错误；而第二句话同时肯定"最后一名"和"成功"为真，是因为他战胜了自己，坚持到了最后，其不放弃的精神是值得赞赏的。前者是针对"名次"这一个对象而言，后者是针对"名次"与"精神"两个对象而言。所以，前者属于逻辑矛盾，后者属于对立统一的辩证矛盾。

具体地说，逻辑矛盾和辩证矛盾之间的不同表现在以下几个方面：

两种矛盾的性质不同。

逻辑矛盾是违反矛盾律而犯的逻辑错误，其本质是思维过程中出现的无序、混乱现象。比如，《韩非子》中的楚人一方面夸口"吾盾之坚，物莫能陷也"，一方面又声称"吾矛之利，于物无不陷也"。同时肯定"不可陷之盾"与"无不陷之矛"为真，违反了矛盾律，造成了逻辑矛盾。再比如：

大卫上了火车后，好不容易找到一个座位，走过去时却发现上面有个手提包。大卫便问对面的一个妇女："请问这是你的包吗？"妇女说道："不是我的，那个人下车买东西去了。"大卫说声"谢谢"，便站在了一旁。一会儿火车启动了，但那个座位仍然空着。大卫赶忙拿起那个包从车窗扔出去："他没有上车，把包忘在这儿了，我给他扔下去！"看到大卫把包扔出窗外，妇女惊叫道："啊！那是我的包！"

这则故事中，妇女先肯定"手提包不是我的"，后又肯定"手提包是我的"，犯了自相矛盾的错误，并因此而丢失了自己的包，实在可笑。

辩证矛盾则是普遍存在于自然界、社会中的既对立又统一的矛盾，是现实的矛盾。思维的辩证矛盾就是思维对客观事物内部存在的辩证矛盾的反映。马克思主义认为任何事物都是作为矛盾统一体存在的，矛盾是事物发展的源泉和动力。比如，电学中的正电与负电、化学中的化合与分解、生物学中的遗传与变异，以及统治阶级与被统治阶级、战争与和平、正义与邪恶等，都是辩证矛盾。

两种矛盾中，矛盾双方的关系不同。

在逻辑矛盾中，矛盾双方是完全的互相否定、互相排斥的关系，其中必有一方为假，没有对立统一的关系，也不能相互转化。比如：

小刚不想上学，于是便学着爸爸的声音给老师打电话："老师，小刚生病了，大概这两天不能去上学了。"王老师说道："是吗？那么，现在是谁在跟我说话呢？""我爸爸，老师。"小刚不假思索地说道。

这则故事中，小刚既承认自己在说话，又承认是"爸爸"在说话，犯了自相矛盾的逻辑错误。而且，"小刚"要么是他自己，要么是他"爸爸"，二者只能有一个为真，不能相互转化。

在辩证矛盾中，矛盾的双方是互相对立统一的关系，而且在一定条件下可以互相转化。比如臧克家《有的人》中有两句诗：

有的人活着，他已经死了；有的人死了，他还活着。

"活着"与"死了"本是相互矛盾的两个概念，不可能同时为真。但在这里，"有的人活着，他已经死了"中的"活着"是指骑在人民头上的人，其躯体虽然活着，但生命已毫无意义，虽生犹死；"有的人死了，他还活着"则是指鲁迅，虽然生命已经消亡，但其精神永存，虽死犹生。在这里，"活着"与"死了"是对立统一的两个概念，是辩证的。

而且，辩证矛盾的双方在一定条件下是可以转化的。比如，当新兴的资产阶级推翻封建地主阶级的政权后，他们原来的统治与被统治的关系就发生了转变。

总之，逻辑矛盾是人们认识事物的障碍，而辩证矛盾则是人们认识事物的动力。人们在思维活动中应该尽量避免出现逻辑矛盾，一旦发现就要想方设法地消除；对于客观存在的辩证矛盾则必须有正确认识，要明白它的存在并不以人的意志为转移，人只能认识它、利用它，而无法回避它、消除它。

悖论

悖论的含义

"悖论"一词来自希腊语，意思是"多想一想"。英文里则用"paradox"表示，即"似是而非""自相矛盾"的意思，这实际上也是悖论的主要特征。我们在"逻辑起源于理智的自我反省"中就提到过，所谓悖论，就是在逻辑上可以推导出互相矛盾的结论，但表面上又能自圆其说的命题或理论体系。其特点即在于推理的前提明显合理，推理的过程合乎逻辑，推理的结果却自相矛盾。悖论也称为"逆论"或"反论"。

如果我们用 A 表示一个真判断为前提，在对其进行有效的逻辑推理后，得出了一个与之相矛盾的假判断为结论，即非 A；相反，以"非 A"这一假判断为前提，对其进行有效的逻辑推理后，也会得出一个与之相矛盾的真判断为结论，即 A。那么，这个 A 和非 A 就是悖论。简言之，如果承认某个判断成立，就可推出其否定判断成立；如果承认其否定判断成立，又会推出原判断成立。也就是说，悖论就是自相矛盾的判断或命题。

悖论产生的原因

悖论的产生一方面是逻辑方面的原因。实际上，悖论就是一种特定的逻辑矛盾。这主要是因为构成悖论的判断或语句中包含着一个能够循环定义的概念，即被定义的某个对象包含在用来对它定义的对象中。简单地说就是，我们本来是对 A 来定义 B 的，但 B 包含在 A 中，这样就产生了悖论。悖论产生的另一原因是人们的认识论和方法论出现了问题。悖论也是对客观存在的一种反映，只不过是人们认识客观世界的过程中所运用的方法与客观规律产生了矛盾。

具体地讲，悖论的产生有以下几种情况。

第一，由自我指称引发的悖论。所谓自我指称，是说某一总体中的个别直接或间接地又指称这个总体本身。这个总体可以是语句、集合，也可以是某个类。而自我指称之所以能引发悖论，就是因为"自指"是不可能的。德国哲学家谢林就曾说过："自我不能在直观的同时又直观它进行着直观的自身。"比如，当你在"思考"的时候，你不可能同时又去"思考"这"思考"本身；当你在"远眺"的时候，你不可能又同时去"远眺"这"远眺"本身。后来，罗素将这一悖论用一种较为通俗的方式表达了出来，即：

某城市的一个理发师挂出一块招牌："我只给城里所有那些不给自己刮脸的人刮脸。"

那么，理发师会不会给自己刮脸呢？如果他给自己刮脸，他就等于替"给自己刮脸的人"刮脸了，这就违背了自己的承诺；如果他不给自己刮脸，那他属于"不给自己刮脸的人"，因此它应该给自己刮脸。这就是"理发师悖论"，也叫"罗素悖论"，它与"集合论"悖论是等同的。

第二，由引进"无限"引发的悖论，即通过在有限中引进无限而引发了悖论。比如，公元前 4 世纪，古希腊数学家芝诺提出了一个"阿基里斯悖论"，即：

阿基里斯追不上起步稍领先于他的乌龟。

这是因为，阿基里斯要想追上乌龟，就必须先到达乌龟的出发点，而这时乌龟已爬行了一段距离，阿基里斯只有先赶上这段距离才能追上乌龟；但当他跑完这段距离时，乌龟又向前爬行了……如此一来，身为奥林匹克冠军的阿基里斯只可能无限地接近乌龟，但永远都追不上它。这就是由引进"无限"引发的悖论。

第三，由连锁引发的悖论，即通过一步一步进行的论证，最终由真推出假，得出的结论与常识相违背。"秃头"悖论就是其中之一：

如果一个人掉一根头发，不会成为秃头；掉两根头发也不会，掉三根、四根、五根也不会；那么，这样一直类推下去，即使头发掉光了也不会成为秃头。

这就引发了悖论。对于这一悖论，也有人这样描述：

只有一根头发的可以称为秃头，有两根的也可以，有三根、四根、五根也可以；那么，这样一直类推下去，头发再多也会是秃头了。

第四，由片面推理引发的悖论，即根据一个原因推出多个结果，不管选择哪个结果都可以用其他结果来反驳。这种悖论更多地表现为诡辩。

此外，引发悖论的原因还有很多，比如由一个荒谬的假设引发的悖论：

如果 2+2=5，等式两边同时减去 2 得出 2=3，再同时减去 1 得出 1=2，两边互换得出 2=1；那么，罗素与教皇是两个人就等于罗素与教皇是一个人，所以"罗素就是教皇"。

由于 2+2=5 这个假设本就是错误的，因此即使推理过程再无懈可击，其结论也是荒谬的。

排中律

排中律的基本内容

从前有个国王，最为倚重甲、乙两个大臣。但这两个大臣因政见不合，经常互相攻击。后来，甲大臣诬告乙大臣谋反。国王半信半疑，便打算用抓阄的办法来处理这件事。他吩咐甲大臣准备两个"阄"给乙大臣，抓着"生"就放了他，抓着"死"就处死他。甲大臣偷偷地在"阄"上做了手脚，给乙大臣写了两个"死"阄。乙大臣猜到了甲大臣的用心，心生一计，抽到一个"阄"后马上把它吞进了肚里。国王无奈，只得拿出剩下的那个"阄"，打开一看原来是"死"。于是国王说："既然这个是'死'阄，你吞下那个必然是'生'阄了，这大概是上天的旨意吧。"乙大臣最终被无罪释放。

在这则故事中，国王就是利用排中律来判断乙大臣吞下的是"生"阄的。

排中律是指在同一思维过程中，互相否定的两个思想不能同假，其中必有一个为真。在这里，"互相否定的两个思想"是指互相矛盾或具有下反对关系的两个思想。这就是说，在同一思维过程中，不能对具有矛盾关系或下反对关系的两个思想同时否定，也不能不置可否或含糊其词，必须肯定其中一个为真，以使思维过程有序、思维内容明确。这也是排中律对思维活动的基本要求。当然，这里的"同一思维过程"也是指同一时间、同一关系和同一对象。

如果用 A 表示任一概念或判断，用非 A 表示任一概念或判断的否定，那么排中律的逻辑形式就可以表示为：A 或者非 A。用符号表示即：A $\lor$ ¬ A。这一形式就是说，在同一时间、同一关系的前提下，对指称同一对象的两个具有矛盾关系或下反对关系的思想不能同时否定，即"A"或"非 A"必有一真。这不仅是对概念的要求，也是对判断的要求。

比如：

（1）有些垃圾是可以回收的，有些垃圾是不可以回收的。

（2）加菲猫说的话很有意思，并非加菲猫说的话很有意思。

（1）中的两个判断具有下反对关系，其中必有一个为真，不能同假；（2）中两句则是具有矛盾关系的正、负判断，也不能同假，其中必有一真。

违反排中律的逻辑错误

排中律是逻辑的基本规律之一，违反了排中律，就会犯"两不可"或"不置可否"的逻辑错误。

所谓"两不可"，是在同一思维过程中，对具有矛盾关系或下反对关系的两个思想同时否定，即断定它们都为假而犯的逻辑错误。比如：

被告伤人既非故意也非过失，所以批评教育一下即可。

伤人要么是故意伤人，要么过失伤人，二者是互相矛盾的，其中必有一个为真。但这个判断同时否定了这两种情况，犯了"两不可"的错误。再比如：

几个人在讨论世界上到底有没有上帝，甲说有，乙说没有。丙听了说道："我不同意甲，因为达尔文的进化论表明，人是由猿进化而来的，而不是上帝创造的，因此不存在上帝；我也不同意乙，因为世界上有那么多基督徒，既然他们都相信上帝，那上帝就应该是存在的。"

在这里，丙既否定了"世界上不存在上帝"，又否定了"世界上存在上帝"，而这两个判断在同一思维过程中是互相矛盾的，因而违反了排中律，犯了"两不可"的错误。

所谓"不置可否"，是在同一思维过程中，对具有矛盾关系或下反对关系的两个思想既不肯定，也不否定，而是含糊其词，不做明确表态。这可以分为两种情况，一是为了某个目的而回避表态，故意含糊其词。比如，鲁迅在他的杂文《立论》中讲了一个故事：

一户人家生了个男孩，满月时很多人去祝贺。你如果说这孩子将来肯定能升官发财，那么主人就会很高兴，但你也是在说谎；你如果说这孩子将来肯定会死，虽然没说谎，却可能会被主人揍一顿。你若既不想说谎，又不想挨打，可能就只能这么说："啊呀！这孩子呵！您瞧！那么……阿唷！哈哈！"

在这里，这种含混不清的态度实际上就是犯了"不置可否"的错误。

还有一种情况是对两个互相否定的思想，用不置可否、含混不清的语句去表达，不知道真正说的是什么意思，让人觉得模棱两可。比如："你认识他吗？""应该见过。"这个回答既可以理解为"认识"，也可以理解为"不认识"，表达含混不清，所以犯了"不置可否"的错误。

需要指出的是，有时候因为对思维对象缺乏足够的认识，因而一时不能对其做出明确的判断，这不能视为违反排中律。在科学研究中尤其如此。比如，银河系内是否有适合人类生存的星球？对于这一问题还不能做出非常明确的回答，因为人们对银河系还没有完全了解。所以，对这一问题不置可否并不违反排中律。另外，如果是出于实际情况的考虑，不宜做出明确表态或判断的时候，对某些事给了模糊的断定也不违反排中律。比如：

法国革命家康斯坦丁·沃尔涅想要到美国各地游历，于是便去找美国第一任总统乔治·华盛顿，希望他能为自己提供一张适用于全美的介绍信。华盛顿觉得开这样一封介绍信似乎很不妥，但又不好直接拒绝他。思来想去，终于想出一个办法。他找来一张纸，写了这么一句话："康斯坦丁·沃尔涅不需要乔治·华盛顿的介绍信。"然后把它给了康斯坦丁·沃尔涅。

"康斯坦丁·沃尔涅不需要乔治·华盛顿的介绍信。"这句话可以理解为康斯坦丁·沃尔涅即使不需要华盛顿的介绍信也可以周游美国，也可以理解为康斯坦丁·沃尔涅不需要华盛顿开介绍信，因而这张纸条不作数。华盛顿其实是故意用一种含混的态度来让自己摆脱两难境地，虽然在形式上也是"不置可否"，但毕竟是出于外交的实际情况的考虑，因此不算违反排中律。

排中律的"排中"是排除第三种情况，只在两种情况间做判断。如果实际上存在第三种情况，同时否定其中两种也不违反排中律。

充足理由律

充足理由律的基本内容

一个刻薄的老板在给员工开会时说："每年有 52 周，52 乘以 2 等于 104 天；清明节、劳动节、端午节、中秋节、元旦各 3 天假期，共 15 天；春节、国庆节各 7 天假期，共 14 天；一年有 365 天，一天有 24 小时，每天你们花 8 小时睡觉，365 乘以 8 除以 24 约等于 121 天；每天你们要花 3 个小时吃饭，365 乘以 3 除以 24 约等于 45 天；每天上下班的路上再花 2 个小时，365 乘以 2 除以 24 约等于 30 天。这样，你们这一年要花 104 天过周末，

29 天过假期，121 天睡觉，45 天吃饭，30 天时间坐公交，这一共是 329 天；这样你们只有 36 天的时间上班。如果再除去病假、事假等 6 天，只剩下 30 天。一年 365 天，你们只上 30 天班，还要迟到、早退、怠工，你们对得起我给你们的薪水吗？"

这个老板的计算过程看上去合情合理，但其得出的结论与实际情况截然相悖。之所以出现这种情况，是因为他违反了逻辑基本规律中的充足理由律，用虚假的前提推出了一个错误的结论。

充足理由律是指在同一思维过程中，任何一个思想被断定为真，必须具有真实的充足理由，且理由与结论要具有必然的逻辑关系。

如果我们用 A 表示一个被断定为真的思想，用 B 表示用来证明 A 为真的理由，充足理由律的逻辑形式就可以表示为：

A 真，因为 B 真且 B 能推出 A。

其中，结论 A 叫作推断或论题，B 叫作理由或论据，可以是一个，也可以是多个。这个逻辑形式可以描述为：在同一思维或论证过程中，一个思想 A 之所以能被断定为真，是因为存在着一个或多个真实的理由 B，并且从 B 真必然可以推出 A 真。

通过以上分析，我们可以得出充足理由律的三个基本逻辑要求：

第一，有充足的理由。没有理由或理由不充分时，都无法进行思维或论证。

第二，理由必须真实。即使有了充足的理由，如果这些理由不真实或不完全真实，就不能推出真实的结论。

第三，理由和推断之间有必然的逻辑联系。在有充足的理由且理由为真后，还要保证这些理由与推断存在必然的逻辑关系，也就是由这些理由能必然地得出真实的推断。

其实，所谓"充足的理由"就是指这些理由是所得推断的充分条件。如果把思维或论证过程看作一个假言判断，那么这些理由就是假言判断的前件，推断就是假言判断的后件。只有作为前件的理由是充足理由时，才能必然推出后件。换言之，如果以论据和论题作为前、后件的这一充分条件假言判断能够成立，那么论据就是论题的充足理由。

违反充足理由律的逻辑错误

我们经常说某人"信口开河""捕风捉影""听风就是雨"，其实就是说他违反了充足理由律，只根据片面或错误的理由就得出推断。通常来讲，违反充足理由律导致的逻辑错误包括"理由缺失"、"理由虚假"和"推不出"三种。

所谓"理由不足"就是指其在同一思维过程中，在没有理由为根据的情况下凭空得出推断，或者只给出推断，却不给出充足的理由来证明这个推断而犯的逻辑错误，也叫作"有论无据"，即只有论题，没有论据。比如：

从前，一个外国人到中国游历，回国时带回去几大包茶叶。他对妻子说："闲暇时品一品中国的茶，真是一种美妙的享受啊！"他的妻子便烧了一大锅开水，然后把一大包茶叶倒了进去。几分钟后，她把茶叶水倒掉，将茶叶盛在两个杯子里端给丈夫，说："我们来品茶吧！"

在这则故事中，这个外国人就是犯了"理由不足"的逻辑错误，他只告诉了妻子一个推断，即"品中国的茶是种享受"，但并没有给出理由，即怎么泡茶、怎么品茶、为什么是享受等，结果闹出了笑话。

所谓"理由虚假"就是指在同一思维过程中，以主观臆造的理由或错误的理由为根据得出推断而犯的逻辑错误。比如：

一个人去演讲，一登上讲台就问台下的听众："大家知道今天我要讲什么吗？"台下齐声道："知道！"这人就说道："既然你们都知道，那我就不讲了。"说完就要下台，台下的听众一看，马上又喊道："不知道！"这人叹口气说："如果你们什么都不知道，那我还讲什么呢？"说完又要离开。这时听众学乖了，一半人喊"不知道"，一半人喊"知道"。这人看了看台下，笑道："很好，那么，现在就请这一半知道的人讲给那一半不知道的人听吧。"说完就走下了讲台。

在这则故事中，这个演讲的人连续三次犯了"理由虚假"的错误：（1）只根据听众说"知道"就断定他们完全懂得自己要讲什么；（2）只根据听众说"不知道"就断定他们完全不懂得自己要讲什么；（3）只根据听众一半说"知道"一半说"不知道"就断定"知道"的一半可以讲给"不知道"的那一半人听。这三个推理的理由显然都是他主观臆造出来的虚假理由，因而必然得出错误的结论。

所谓"推不出"是指在同一思维过程中，理由虽然是真实的，但因其与推断之间没有必然的逻辑关系，因而不能必然得出推断为真。"推不出"也叫"不相干论证"，这一逻辑谬误在"逻辑谬误"一章还会论述。

第八章

逻辑论证思维

—— 想要以理服人，就要有理有据

什么是逻辑论证

逻辑论证的含义

逻辑论证就是用已知为真的判断通过逻辑推理确定另一判断真假的思维过程。

不管是在科学研究中，还是在日常生活中，都要用到逻辑论证。比如：

如果在三代以内有共同祖先的近亲之间通婚，会增加子女遗传性疾病的发生风险。这是因为，近亲结婚的夫妇有可能从他们共同祖先那里获得同一基因，并将之传递给子女。如果这一基因按常染色体隐性遗传方式，其子女就可能因为是突变纯合子而发病。因此，近亲结婚会增加某些常染色体隐性遗传疾病的发生风险。

在这里，"增加子女遗传性疾病的发生风险"这一结论的得出就是通过逻辑论证来实现的。再比如：

李某经常打儿子小兵，并且宣称"老子教训儿子是天经地义的"。为了制止李某的这种行为，小兵的老师正告李某道："根据《青少年保护法》第二章第八条规定：父母或者其他监护人应当依法履行对未成年人的监护职责和抚养义务，不得虐待、遗弃未成年人。你这样做是违法的。"

在这里，老师援引法律证明李某"老子教训儿子是天经地义"的认识是错误的，也是法律所不容许的，运用的也是逻辑论证。

任何思维活动都离不开概念、判断和推理，逻辑论证在运用已知为真的判断确定另一判断的真实性或虚假性的过程，也是综合运用概念、判断和推理的过程。

需要指出的是，逻辑论证与实践证明是不同的概念。从本质上说，逻辑论证是人的意识对客观存在的反映，而实践证明则是一种实践活动。从形式上说，逻辑论证是对概念、判断和推理的综合运用，是通过已知为真的判断确定另一判断的真假；而实践证明则是人们通过实践活动的各项事实和结果来确定某个判断的真实性。从方式上说，逻辑论证要通过推理来进行，进行推理的过程也是确定各思维对象关系的过程；而实践证明则不能通过推理来进行，它只是将人们对思维对象的各种认识放在实践活动中进行检验。

但是，逻辑论证与实践证明也并非互不兼容。实践是检验真理的唯一途径，如果没有实践活动，就没有进行逻辑论证所必需的真实前提（即论据）及有效的论证方式。可以说，实践证明是逻辑论证的基础。正是有了实践对各种认识活动的证明，逻辑论证才能不断地深化。不仅如此，逻辑论证所得出的结果最终也需要通过实践来证明其真假。因为推理的性质决定了即使推理前提真实、推理形式完全正确，其所得的结论也并非全都为真，尤其是归纳推理和类比推理。所以，推理结论还要通过实践来检验。当然，逻辑论证毕竟是一种有着严谨科学性的论证方法，在实际运用的广度与深度上远比实践证明更具普遍性和概括性。同时，推理可以从已知推出未知，所以逻辑论证就具有了对未知事实推测性或预见性的性质。这对人们的认识活动显然有着极为重要的意义，是实践证明所没有且不可比拟的。如果说实践证明是人们对客观事物的感性认识，那么逻辑论证就是在此基础上形成的理性认识。事实上，逻辑论证就是将经实践证明了的结论上升为具有普遍意义的理论，并用这些理论对客观事物进行更为广泛和深入的研究。

总之，实践证明与逻辑论证是人们进行思维和论证的两种手段，它们互相依存、互为补充，像左膀右臂一样有力地服务于人们认识客观世界过程中所进行的各种活动。

逻辑论证的形式

按照论证目的的不同，逻辑论证可以分为证明和反驳两种形式。

所谓证明，就是用已知为真的判断通过逻辑推理确定另一判断为真的思维过程。比如，论证"增加子女遗传性疾病的发生风险"为真的过程就是一个证明过程。再比如：

苏轼的《晁错论》中有一段话：

古之立大事者，不惟有超世之才，亦必有坚忍不拔之志。昔禹之治水，凿龙门，决大河而放之海。方其功之未成也，盖亦有溃冒冲突可畏之患；惟能前知其当然，事至不惧，而徐为之图，是以得至于成功。

在这段话中，苏轼就是通过大禹治水时不惧"溃冒冲突可畏之患"并"徐为之图"这一真实判断来证明"古之立大事者，不惟有超世之才，亦必有坚忍不拔之志"这一判断为真的。

证明过程并不是简单易行的，有时候甚至要经过复杂、艰苦而又漫长的过程，在科学研究中尤其如此。我国著名数学家陈景润论证"哥德巴赫猜想"的过程就是如此。

18 世纪中期，德国数学家哥德巴赫提出了"任何一个大于 2 的偶数均可表示两个素数之和"的命题，简称为"1 + 1"。但他终其一生也没能证明出来，最终带着无限遗憾离开了人世。"哥德巴赫猜想"犹如王冠上的明珠，其光彩让陈景润深深地着迷了。为了论证"哥德巴赫猜想"，在那间不足六平方米的斗室里，经过十多年的潜心钻研，并用掉了几麻袋的草纸后，陈景润在1966 年发表了他的论文《大偶数表示一个素数及一个不超过 2 个素数的乘积之和》，简称为"1 + 2"。这一成果是"哥德巴赫猜想"研究上的里程碑，被人们称为"陈氏定理"。中国的数学家们曾用这样一句话来评价陈景润：他是在挑战解析数论领域 250 年来全世界智力极限的总和。

所谓反驳，就是用已知为真的判断通过逻辑推理确定另一判断为假的思维过程。比如，小兵的老师论证"老子教训儿子是天经地义"为假的过程就是一个反驳的过程。

在论证过程中,证明与反驳是对立统一的。证明是确定一个判断为真,是"立",反驳则是确定一个判断为假,是"破";证明是用来证实正确的,而反驳则是用来批判谬误的。这是它们的对立之处。但是,确定一个判断为假,也就是确定对它的证明不成立。换言之,反驳某个判断,就是证明其否定判断;证明某一判断,也就是反驳其否定判断。由此可知,反驳中有证明,证明中也有反驳。它们并不是互相排斥的,而是互为补充、相辅相成的。在复杂、艰苦或漫长的论证过程中,常常会综合运用证明和反驳两种不同的形式,将证明真理和反驳谬误结合起来。

逻辑论证的特征

根据以上分析,可知逻辑论证有两个基本特征:逻辑论证要通过推理的形式来实现,逻辑论证的已知判断(即论据)必须是真实的。

推理是逻辑论证的手段,也是进行逻辑论证的必要条件。逻辑论证离不开推理,不通过推理的形式进行的论证不是逻辑论证,比如实践证明就不是通过推理形式来论证的。此外,与推理一样,逻辑论证也要遵循各种逻辑规律和规则,并且通过判断其间的真假关系进行推演。实际上,逻辑论证的论据就是推理的前提,而其论题则是推理的结论。

除此之外,还要注意的是,推理是由已知推出未知,而逻辑论证则是由已知为真的判断确定另一判断的真假；推理并不要求已知前提都为真，而逻辑论证的前提则必须是真实的；推理的过程比较单一，只要推理形式正确且符合推理规则，就能进行有效的推理，而逻辑论证的过程比较复杂，有时甚至是漫长的，往往是各种推理形式的综合运用。而且，除了论证方式可能因不遵循推理形式和规则而出现错误外，论据和论题也可能出错。

论证的结构

逻辑论证通常是由论题、论据和论证方式三部分组成的。

1. 论题

论题就是通过逻辑论证确定其真假的判断。论题回答的是"论证什么"，即"证明什么或反驳什么"的问题。它是进行逻辑论证的目的。比如：

设一个直角三角形的两个锐角为角 A 和角 B，根据直角三角形的定义可知，直角三角形有一个角是 90 度；根据三角形内角和等于 180 度可知，180 度减去 90 度等于 90 度，即角 A 和角 B 之和为 90 度。所以，在直角三角形中，两个锐角互余。

在这个论证过程中，"在直角三角形中，两个锐角互余"就是论题。

论题通常包括两种：

（1）已被科学原理或事实证明真假的判断。比如，各类公理、定理、定律等，都是根据科学原理或事实，通过逻辑论证或实践活动被证明为真的判断；而"燃素说""造物主""永动机"等都是根据科学原理或事实，通过逻辑论证或实践活动被证明为假的判断。人们可以利用这类已被证明真假的判断来指导各项研究、传播真理或揭露谬误。

（2）未被科学原理或事实证明真假的判断。比如，有关生命的起源、宇宙的形成、是否存在有智慧的外星人等的各种观点都是还没有被证明真假的理论。人们可以利用这类未被证明真假的判断进行科学假说，并通过逻辑论证来证明或反驳这些假说。

需要指出的是，有些议论文的标题虽然是论题，但论题并不等于标题。如果将论证过程比作一篇文章，那么论题就是这篇文章的论点。此外，即使已知都为真，论题的真假也不确定。比如：

《列子·汤问》中有一则"两小儿辩日"的故事：

孔子东游，见两小儿辩斗。问其故。

一儿曰："我以日始出时去人近，而日中时远也。"

一儿以日初出远，而日中时近也。

一儿曰："日初出大如车盖，及日中则如盘盂，此不为远者小而近者大乎？"

一儿曰："日初出沧沧凉凉，及其日中如探汤，此不为近者热而远者凉乎？"

这则故事中，一个孩子的论题是"日始出时去人近，而日中时远"，另一个孩子的论题是"日初出远，而日中时近"。事实上，太阳与人的距离一直没变，这种现象都是地球自转的原因。所以，这两个论题都是虚假的。

2. 论据

论据就是用以确定论题真假的判断，或者说论据是确定论题成立的证据或理由。论据回答的是"用什么来论证"，即"用什么来证明或反驳"的问题。它是进行逻辑论证的依据。比如：

在"直角三角形中两个锐角互余"的论证中，论据即：（1）直角三角形的定义;（2）三角形内角和等于180度。

在"两小儿辩日"中，一个孩子的论据是"日初出大如车盖，及日中则如盘盂"，另一个孩子的论据是"日初出沧沧凉凉，及其日中如探汤"。

论据通常也包括两种：一种是理论论据，即已被确定为真的科学原理。各类公理、定理、定律等都是理论论据。比如，在"直角三角形中两个锐角互余"的论证中运用的就是理论论据。另一种是事实论据，即被事实证明的判断。比如，在"两小儿辩日"的论证过程中运用的就是事实论据。

需要注意的是，论据和论题之间必须具有逻辑上的必然联系，并且论据要充足、真实。

3. 论证方式

论证方式是指逻辑论证过程中采用的推理形式或论题和论据

之间的联系方式。它回答的是"怎样论证",即"怎样用论据来论证论题"的问题。

根据逻辑论证过程中采用的推理形式的不同,论证方式可以分为演绎论证、归纳论证和类比论证。其中,演绎论证就是根据演绎推理"由一般到个别"的推理形式进行逻辑论证的方式。比如,在"直角三角形中两个锐角互余"的论证中采用的就是演绎推理。归纳论证就是根据归纳推理由"个别到一般"的推理形式进行逻辑论证的方式。比如,在"两小儿辩日"的论证中采用的就是归纳推理。类比论证就是根据类比推理的推理形式和特征进行逻辑论证的方式。

不过,由于论证过程的复杂性,有时候,在同一论证过程中,要综合运用多种论证方式才能最终证明或反驳论题。

与论题和论据不同,论证方式没有真假之分,只有对错之别。它就像是条纽带,联结着论题和论据。只要明白了论证过程中采用的是哪种推理形式,就可以判断出它的论证方式;只有正确地运用各种推理形式,才能根据正确的论证方式从论据中推出论题。

证明的方法

证明是论证的一种形式,就是用已知为真的判断通过逻辑推理确定另一判断为真的思维过程。换言之,证明就是用真实的论据，采取适当的论证方式确定论题的真实性的论证方法。在结构上，证明也是由论题、论据和论证方式组成的。

在证明过程中，论证方式是多种多样的，因而证明的方法也是多种多样的。

直接证明和间接证明

在证明论题真实性的过程中，根据是否需要借助反论题可以将证明方法分为直接证明和间接证明两种。所谓反论题就是证明的过程中，与原论题相矛盾的论题。

1. 直接证明

直接证明就是由真实的论据直接确定论题为真的证明方法。它是从论题出发，通过给它提供真实的直接理由来证明其真实性，也可称为顺推证法、由因导果法。直接证明不需要反论题这一中介。比如，正方形的四条边相等，四个角都是 90 度，这个窗户是正方形，所以这个窗户四条框相等，四个角都是 90 度。再比如：

手机辐射会给人体健康带来不良影响。使用手机进行通话时，手机会发射无线电波。而任何一种无线电波都会或多或少地被人体吸收，从而改变人体组织，这有可能给人体的健康带来不良影响。这些电波就被称为手机辐射。所以，手机辐射会给人体健康带来不良影响。

在这个证明过程中，使用了三个论据：任何无线电波都会或多或少地被人体吸收，从而改变人体组织，给人体健康带来不良影响；用手机进行通话时会发射无线电波；无线电波就是手机辐射。而这三个论据直接证明了"手机辐射会给人体健康带来不良影响"这一论题。

2. 间接证明

间接证明是通过证明与原论题相矛盾的反论题为假来证明原论题为真的证明方法。也就是说，间接证明的论据不与原论题直接发生联系，而是与反论题相联系。常用的间接证明方法有反证法和选言证法。

所谓反证法，就是先证明反论题为假，然后根据排中律确定原论题为真的证明方法。当无法从正面证明原论题或从正面证明较为复杂、困难时，一般会采用反证法。比如，在巴基斯坦电影《人世间》中有这么一段情节：

女主人公拉基雅的丈夫恶贯满盈，最后被人枪杀。在她丈夫被杀时，拉基雅也在案发现场并开了枪。根据这两个证据，拉基雅被指控为凶手，遭到警方逮捕。但是，老律师曼索尔用足够的证据证明了拉基雅不是杀人凶手，将其从绝境中救了出来。在法庭上，曼索尔提供的证据如下：如果拉基雅是凶手，那么至少有一颗子弹会击中被害人。但根据现场勘查，拉基雅发射的五颗子弹全打在了对面的墙上，所以她不是凶手；因为拉基雅是在被害人正面开的枪，如果拉基雅是凶手，子弹也一定是从正面击中被害人。但根据法医鉴定，子弹是从背后击中被害人的，所以她不是凶手。

在这个故事中，曼索尔就是通过反证法，先证明"拉基雅是凶手"为假，从而证明"拉基雅不是凶手"为真。

一般而言，反证法有三个步骤：

第一，设立反论题，即先设立一个与需要被证明的论题相矛盾的论题。比如，曼索尔在为拉基雅辩护时，就先设立了"拉基雅是凶手"这一反论题。

第二，证明反论题为假。在这一步骤中，通常会采用充分条件假言推理，并采用由否定后件推出否定前件的"否定后件式"来证明反论题为假。比如，曼索尔在为拉基雅辩护时，就运用了两个充分条件假言推理：如果拉基雅是凶手（前件），那么至少有一颗子弹会击中被害人（后件）；如果拉基雅是凶手（前件），子弹一定是从正面击中被害人（后件）。然后，曼索尔根据事实断定这两个推理的后件为假推出前件"拉基雅是凶手"为假。

第三，证明原论题为真。在这一步骤中，通常会运用排中律。因为根据排中律可知，相矛盾的两个判断中必有一个为真。既然反论题为假，那么原论题必为真。比如，既然"拉基雅是凶手"为假，那么"拉基雅不是凶手"就必为真了。

所谓选言证法，就是通过证明与论题相关的其他可能论题为假，从而证明该论题为真的证明方法，也叫淘汰法或排除法。具体地说，选言证法一般是运用选言推理的否定肯定式进行证明的。它先列举出选言前提的所有选言肢，然后否定除某选言肢

（即论题）外的其他选言肢都为假，来证明该选言肢（即论题）为真。比如：

鲁迅在《拿来主义》一文中论证"拿来"与"送来"时说：

但我们被"送来"的东西吓怕了。先有英国的鸦片，德国的废枪炮，后有法国的香粉，美国的电影，日本的印着"完全国货"的各种小东西。于是连清醒的青年们，也对于洋货发生了恐怖。其实，这正是因为那是"送来"的，而不是"拿来"的缘故。所以我们要运用脑髓，放出眼光，自己来拿！

在这段话中，鲁迅就是运用选言证法来证明"拿来"的正确性的。对于国外的东西，不管是制度、科技还是思想，要么是别人"送来"，要么是自己"拿来"。既然一系列事实证明靠"送来"是不行的，那么只有采取"拿来"主义了。

选言证法一般也分为三个步骤：

第一，设立一个包括原论题在内的选言论题。比如，鲁迅在论证"拿来主义"时，实际上就是设立了"对于国外的东西，要么是等别人送来，要么是自己去拿来"这一选言论题。

第二，证明除原论题外的其他论题都为假。比如，鲁迅就是先证明了等别人"送来"是不行的，因为"送来"的东西有好有坏，这样就会陷入被动。

第三，证明原论题为真。在这一步骤中，就要运用选言推理的否定肯定式了，即否定一部分论题，就是肯定剩下的论题。比如，鲁迅否定"送来主义"，就是证明"拿来主义"是正确的。

反驳的方法

反驳也是论证的一种形式，就是用已知为真的判断通过逻辑推理确定另一判断为假的思维过程。在结构上，反驳是由被反驳的论题、反驳的论据以及反驳方式组成的。其中，被反驳的论题就是被确定为假的判断，反驳的论据是指借以确定被反驳论题为假的判断，反驳方式则是指在反驳过程中运用的论证方式。

根据反驳的结构可知，进行反驳时可以采取反驳论题、反驳论据和反驳论证方式三种方法。

反驳论题

反驳论题就是论证对方的论题为假的反驳方法。根据反驳论题过程中是直接反驳还是间接反驳的不同，反驳论题可以分为直接反驳论题和间接反驳论题两种方法。

1. 直接反驳论题

直接反驳论题就是由真实的论据直接确定论题为假的反驳方法。其中，论据可以是客观事实，也可以是一般原理或科学理论。直接反驳论题不需要借助中间环节，只需根据真实的论据，采用合理的反驳方式从正面确定论题为假即可。在直接反驳论题时，通常使用演绎推理或归纳推理的反驳方式。比如：

《天龙八部》中的丁春秋大言不惭，老说自己"法力无边"，可接连败在虚竹、乔峰手下，可见他的"法力"的确不怎么样。

这句话中，就是根据丁春秋"接连败在虚竹、乔峰手下"这一事实来反驳他"法力无边"这一论题的。

《孟子·离娄上》中有一段对话：

淳于髡曰："男女授受不亲，礼与？"

孟子曰："礼也。"

曰："嫂溺，则援之以手乎？"

曰："嫂溺不援，是豺狼也。男女授受不亲，礼也；嫂溺，援之以手者，权也。"

在这则对话里，淳于髡显然并非不知道"嫂溺"当"援之以手"，只是他故意问孟子而已。既然淳于髡有此一问，那就证明当时确实有人泥古不化，认为"男女授受不亲"是礼教的规定，因此即使嫂子落水了也不能去救，因为要救她势必会有身体上的接触。孟子在反驳这一错误观点时，运用了直接反驳论题的方法，即"嫂溺不援，是豺狼也"。

2. 间接反驳论题

间接反驳论题是通过证明被反驳论题的矛盾或反对论题为真，从而根据矛盾律确定被反驳论题为假的反驳方法。它包括独立证明法和归谬法两种方法。

所谓独立证明法，就是先证明与被反驳论题相矛盾或反对的论题为真，再根据矛盾律确定被反驳论题为假的反驳方法。

独立证明法可以分三个步骤进行：

第一，设立被反驳论题的否定论题，即矛盾论题或反对论题。比如，范缜就设立了"神灭论"这一与被反驳论题相矛盾的论题。

第二，证明该否定论题为真。比如，范缜通过"神即形也，形即神也，形存则神存，形谢则神灭"的严密逻辑证明了"神灭论"这一矛盾论题为真。

第三，根据矛盾律证明被反驳论题为假。矛盾律要求，互相矛盾或反对的两个判断不能同真，必有一假。既然被反驳论题的矛盾或反对论题为真，那么被反驳论题就必然为假了。

所谓归谬法，就是先假定被反驳论题为真，再由此推出荒谬的结论，从而确定被反驳论题为假的反驳方法。比如：

《世说新语》中有一则故事：

孔文举年十岁，随父到洛。时李元礼有盛名，为司隶校尉。诣门者，皆俊才清称及中表亲戚乃通。文举至门，谓吏曰："我是李府君亲。"既通，前坐。元礼问曰："君与仆有何亲？"对曰："昔先君仲尼与君先人伯阳有师资之尊，是仆与君奕世为通好也。"元礼及宾客莫不奇之。太中大夫陈韪后至，人以其语语之，韪曰："小时了了，大未必佳。"文举曰："想君小时必当了了。"韪大踧踖。

这则故事中，孔文举运用归谬法来反驳"小时了了，大未必佳"这一论题的。

由上面的分析可知，这一归谬法的显著特点即是"以子之矛，攻子之盾"。它可以分三个步骤进行：

第一，假定被反驳论题为真。比如，孔文举假定"小时了了，大未必佳"这一论题为真。

第二，由被反驳论题推导出一个荒谬的结论。比如，孔文举由假定为真的被反驳命题出发，推导出太中大夫陈韪小时必当了了，言下之意就是说他现在"不佳"了。

第三，根据充分条件假言推理的否定后件式推出被反驳论题为假。也就是说，如果被反驳命题为真，那么其结论必为真；既然结论为假，那么被反驳命题也必为假。上面故事中，孔文举就是以此来证明对方的论题为假的。

此外，归谬法还有一种形式，即从被反驳的论题推出一个与之相矛盾或反对的论题，从而证明原论题的虚假性。

归谬法与独立证明法并不相同：首先，前者是从被反驳论题推出一个荒谬的结论，或者推出一个与之相矛盾或反对的论题，后者则是先设立一个被反驳论题的矛盾或反对论题；其次，前者是通过反驳的方式达到归谬的目的，后者是通过论证的方式达到求真的目的。

反驳论据

反驳论据就是论证对方的论据为假的反驳方法。论据是证明论题的证据，失去了论据的论题就站不住脚。这正如杯子是喝茶的器皿，没有了杯子，茶水就会洒落一地。所以，要想证明一个论题的虚假性，反驳其论据是一个重要的方法。

需要注意的是，论据的虚假并不代表论题的虚假。因为，有可能论题是真实的，只是人们在用论据证明论题时；选用的论据是虚假的。所以，论据为假并不必然推出论题为假，驳倒了论据也不等于驳倒了论题。比如：

弟弟问哥哥："为什么白天看不见星星呢？"

哥哥想了想说："因为他们晚上眨了一夜的眼睛，到了白天就累了，所以回去睡觉了。"

在兄弟俩的对话中，哥哥用以证明"白天看不见星星"的论据显然是假的，但驳倒了这个论据并不等于驳倒"白天看不见星星"这一论题。因为，在白天，用肉眼的确是看不到星的，这个论题并不是假的。

反驳论证方式

反驳论证方式就是论证论据和论题之间没有必然的逻辑关系，从而证明由论据推不出论题的反驳方法。我们前面讲过，论证方式是指逻辑论证过程中采用的推理形式或论题和论据之间的联系方式。所以，反驳论证方式就是确定论证过程中采用的推理形式有误或者论据与论题之间没有必然联系。驳倒了论证方式，就证明了论证过程的无效。比如：

所有获诺贝尔文学奖的作品都是优秀作品，

他的作品是优秀作品，

所以，他的作品获得了诺贝尔文学奖。

这个推理违反了直言三段论第二格"前提中必须有一个是否定"的规则，所以该推理形式是错误的。也就是说，在论证"他的作品获得了诺贝尔文学奖"这一论题时，运用的论证方式是错误的，即由两个已知前提并不必然推出这一结论。因此，"他的作品获得了诺贝尔文学奖"这一论题并不必然为真。

我们前面说过，驳倒了论据不等于驳倒了论题，同样，驳倒了论证方式也不等于驳倒了论题。因为，论证方式有误只是说明论据与论题之间没有必然的逻辑关系，或者说该论题没有用与其有必然联系的真实论据来证明，这并不代表论题一定为假。比如，上面的推理中，"他的作品获得了诺贝尔文学奖"这一论题就可能是假的，也可能是真的。

反驳的几种方法并不是各自独立、互不相容的。相反，它们是互相补充、相辅相成的。因为，反驳作为逻辑论证的一种形式，其论证过程有时候是极为复杂的，而反驳的各种方法又各有各的长处和短处。所以，在实际运用中，只有将几种方式综合起来运用，才能更有效地反驳虚假论题。

论证的规则

在逻辑论证过程中，不管是论题的确定、论据的选择还是论证方式的运用，都必须遵守一些共同规则。

关于论题的规则

论题是进行逻辑论证的目的，不管是证明一个论题还是反驳一个论题，都必须遵守两条规则。

1. 论题必须明确

正如射箭时必须要瞄准靶心，进行逻辑论证时也一定要明确论题，因为论题是关于"论证什么"的问题。如果连要"论证什么"都不清楚，就好比启程赶路时不知道目的地在哪儿，是无法进行有效论证的。论题必须明确就是要求在逻辑论证过程中，论题要清楚、明白、确定，不管是证明什么还是反驳什么，在概念的表达以及判断的断定上都必须明确。比如，如果要论证"正义一定能战胜邪恶"这一论题，就要明确什么是"正义"、什么是"邪恶"。否则，就会犯"论题不明"的逻辑错误。请看下面一则故事：

约翰非常善于心算，不管是多么复杂的运算，他都能很快地给出答案。时间长了，约翰就不免骄傲起来。为了避免约翰因为骄傲自大而忘乎所以，父亲决定给儿子一点儿教训。他把约翰叫到面前，说要测试一下他的心算能力。约翰满口答应。父亲开始出题了："一辆载有 352 名乘客的列车到达 A 地时，上来 85 人，下去 32 人；到下一站时，上来 45 人，下去 103 人；再下一站上来 61 人，下去 25 人；接下来的那个车站里上来 88 人，下去 52 人。"父亲越说越快，约翰却毫不在乎，一副胸有成竹的样子。"火车继续行驶"，父亲接着说，"到 B 地时，从车上下去 73 人，上来 26 人；下一站下去 28 人，上来 39 人；再下一站……到达 C

站时，又从车上下去 75 人，上来 51 人。"父亲说到这里停下来，约翰问道："没了？"父亲点点头说道："没了，不过我不想让你告诉我车上还有多少人，我想让你告诉我这列火车一共经过了多少站。"约翰一下子傻在那里。

从逻辑学上讲，"父亲"的论题是模糊不清的，但他也正是利用这一点告诉约翰人不能太骄傲了。不过，在逻辑论证中，我们必须保证论题的明确性。这就要求我们不但要在思想上对所论证的论题有正确的认识，而且在语言表达上也能准确地表述出来。

2. 论题必须同一

明确论题后，在逻辑论证的过程中，还要保证论题前后同一，这也是同一律的基本要求。论题必须同一就是要求论证过程中，所有的论据都要围绕同一个论题，既不能"偷换论题"，也不能"转移论题"。关于这点，我们在讨论"违反同一律的逻辑错误"时已做论述。

关于论据的规则

论据是用来论证论题的证据或理由，要对一个论题进行有效论证，也必须遵守有关论据的一些共同规则。

1. 论据必须真实、充足

论据真实是进行逻辑论证的基础，因为逻辑论证的过程就是由真实的论据证明或反驳论题的真实性的过程。如果论据的真实性没有确定，这就好比驾车去目的地时车的安全性没有确定一样，是无法对论题进行有效论证的。比如，"大学毕业生低收入聚居群体"被称为"蚁族"，如果要证明"蚁族"是属于弱势群体，就要搜集能证明其"弱势"的真实证据，而不是凭经验推测。

此外，在论据真实的情况下，还要保证论据的充足。只有具备真实且充足的论据，才能论证论题必然为真或必然为假。比如，要证明"蚁族"属于弱势群体，不能仅根据他们住"集体宿舍"这一证据来证明，还要从收入低、数量大、流动性强等各方面加以论证。

对论据真实、充足的规定是充足理由律的基本要求，如果论据不真实或不充足，就会犯"论据（理由）虚假"或"论据（理由）不足"的逻辑错误。对此，我们在讨论"违反充足理由律的逻辑错误"时已做过论述。

2. 论据的真实性不能靠论题来证明

论据是用来证明论题的，它的真实性必须确定。在论证过程中，如果用论题来证明论据的真实性，就会犯"循环论证"的逻辑错误。所谓"循环论证"，一般是指论题和论据建立在同一内容上，或者说论题和论据互相证明。"循环论证"其实等了什么都没有论证。比如：

月亮是会运动的，因为它是从东方升起，从西方落下。

月亮之所以能从东方升起，从西方落下，是因为月亮是会运动的。

在这个证明过程中，对"月亮是会运动的"这一论题进行证明时，用的是"它是从东方升起，从西方落下"这一论据；在对"月亮能从东方升起，从西方落下"这一论题进行证明时，用的是"月亮是会运动的"这一论据。论题和论据建立在同一内容上，犯了"循环论证"的逻辑错误。

关于论证方式的规则

除了遵守论题和论据的相关规则外，在逻辑论证过程中还必须遵守论证方式的规则，即论据必须能推出论题。

论据必须能推出论题就是指在逻辑论证过程中要保证论据和论题之间有必然的逻辑关系，或者论证要符合各种推理规则。否则，就会犯"推不出"的逻辑错误，论证也就不能进行。事实上，这也是充足理由律对思维活动的基本要求。比如：

他最喜欢看古装电影了，《赵氏孤儿》是古装电影，所以他喜欢看《赵氏孤儿》。

这个推理过程不符合直言三段论的推理规则，论证方式是错误的，即使论据为真，也不能证明论题必然为真。

再比如，由"登徒子喜欢自己的妻子，并与之生了五个儿子"这一论据并不能推出"登徒子好色"这一论题，因为这二者没有必然的逻辑关系。

总之，有关论题、论据和论证方式的各项规则是确保逻辑论证过程有效性的规范，违反了其中任何一条，都无法进行正确、有效的论证。

第九章

逻辑谬误

——不讲道理的人总有理

什么是逻辑谬误

　　谬误的研究在逻辑学的发展过程中曾经遭受过极端的冷落，甚至曾经被从逻辑学的教材中删除，然而逻辑谬误的重要性最终还是得到了众多学者的认可。重视逻辑应用的学者更是对逻辑谬误给予礼遇，如今逻辑谬误的研究已经扩展到诸多领域，受到了多学科学者的关注。逻辑谬误的研究已经成为逻辑学向前发展的重要助推力量，它激发了人们对逻辑学的兴趣和热情，丰富了逻辑学的内涵和外延。

　　马克思主义认识论指出，谬误是同客观认识及事物发展规律相违背的认识。真理是符合事物发展规律的认识，是对客观事物本来面目的正确反映；谬误则是违背事物发展规律的认识，是对客观事物本来面目的歪曲反映。真理和谬误在一定范围内是绝对对立的，真理不是谬误，谬误不是真理。二者有着原则的界限，不能混淆。但是真理与谬误之间又存在相互依存的关系，事物在真理与谬误的斗争中发展，又在一定条件下相互转化。然而，马克思主义认识论所指的"谬误"并非逻辑学上的"逻辑谬论"，逻辑学要研究的谬误属于狭义的谬误，是指那些违反逻辑规律和规则的各种错误。它常常出现在那些看似正确具有说服力，却往往经不起认真推敲、辨别和论证的事情上。

"谬误"一词缘起于拉丁语,英文为 fallacy,原为"阴谋""欺骗"之意,现发展为我们今天所普遍理解的意思。"谬误"一词广泛存在于中外学者的著作中,汉代王充《论衡·答佞》:"聪明有蔽塞。推行有谬误,今以是者为贤,非者为佞,殆不得之之实乎?"清代蒲松龄《聊斋志异·青梅》:"妾自谓能相天下士,必无谬误。""谬误"一词在西方逻辑学的著作中出现也极早,在两千多年前的古代逻辑学著作中便有出现。古希腊哲学家亚里士多德有许多论述谬误的著作,他在《谬误篇》中说道:"谬误主要分为两大类,一类是依赖于语言的谬误,一类是不依赖于语言的谬误。"当代瑞士哲学家波亨斯基认为亚里士多德《谬误篇》中提到的谬误理论是其第一个关于谬误的学说,其后亚里士多德相继提出了关于谬误的其他观点。

"谬误"在中国古代的逻辑学中被称为"悖",有"惑、违背道理"的意思,那些有意识地用谬误的推理形式来证明某个观点的正确性被叫作诡辩。在中国古代的典籍中有许多关于诡辩的记载。

"诡辩"一词在我国最早出现于汉代刘安《淮南子·齐俗训》中:"诋文者处烦扰以为智,多为人危辩。久稽而不决,无益于讼。"这句中的"人危辩"即诡辩。其后,《史记·屈原贾生传》中又有:"(靳尚)设诡辩于怀王之宠姬郑袖。"

在中国古代历史上有一个著名的关于诡辩的例子"白马非

马"。这个著名的哲学命题的提出者是公孙龙，他是战国时期赵国平原君的食客，此人堪称诡辩之祖。《公孙龙子·白马论》这样记述道："白马非马，可乎？曰：可。曰：何哉？曰：马者，所以命形也；白者所以命色也。命色者非命形也。故曰：白马非马。"大意是说："马"是对物"形"方面的规定，"白马"则是对马"色"方面的规定，对"色"方面的规定与对"形"方面的规定性，自然是不同的。所以说，对不同的概念加以不同规定的结果是：白马与马也是不同的。

在西方哲学史上，黑格尔是第一个对诡辩论做系统批判的哲学家。他曾经指出："'诡辩'这个词通常意味着以任意的方式，凭借虚假的根据，或者将一个真的道理否定了，弄得动摇了；或者将一个虚假的道理弄得非常动听，好像真的一样。"黑格尔的这段话，清晰地揭露了诡辩论有意颠倒是非、混淆黑白的特点。

诡辩在外表上、形式上好像是运用正确的推理手段，实际上是违反逻辑规律，做出似是而非的推理，是一种"逻辑谬误"。

那么，什么是"逻辑谬误"呢？逻辑谬误是指一些推理和论证看似正确，具有很强的说服力，但经不起仔细的分析，人们经过认真的推敲之后，会发现其推理和论证形式是错误的。

逻辑学在最初形成的时候，谬误研究便成为逻辑学不可或缺的一部分，是逻辑学研究的重要内容。许多逻辑学家、哲学家、语言学家、社会学家、心理学家等都曾涉足谬误的研究，为此付出了心血，提出了诸多不同的谬误理论，为逻辑学的研究提供了宝贵的资源。谬误研究如今已经成为应用逻辑学持久关注的课题。

当代逻辑谬误的研究呈现出综合化、多元化的趋势，各种理论精彩纷呈。系统的谬误理论主要有谬误的形式论、谬误的语用—辩证论、谬误的语用论和谬误的修辞论。具体的谬误形式则更多，据说有学者曾经概括出多达 113 种的具体谬误形式。现今谬误理论正逐渐向更深层次发展，理论基础与框架也正在逐步构建与完善中，以期以理论框架来指导和论证谬误，同时梳理与澄清诸多混杂的概念术语。当代谬论研究的愿景和目标便是构建成熟的谬误论证理论和体系，同时用来指导人们的日常生活。

每种逻辑谬误产生的原因都是不同的，想要有效地预防和避免谬误就要求我们有一定的逻辑谬误知识。我们需要熟悉谬误的不同种类，针对它们的不同特点采取措施加以规避。

针对不同的逻辑谬误我们可以采取不同的对策。

规避形式谬误：我们需要熟悉各种推理形式的逻辑规则，了解它的相应有效式，在实际生活中经常加以运用，进行思维锻炼，逐渐熟练掌握。只有这样，我们在生活中才能迅速地判断出各种形式的谬误，准确规避形式谬误。

规避歧义性谬误：在用语言表达思想和交流的过程中，我们需要保持语言的确定性和清晰性。要保持语言所使用的概念和判断的准确。

规避关联性谬误：要避免把心理因素与逻辑因素混为一谈，保证在推理和论证的过程中严格遵循逻辑规则，切记不能把心理因素特别是感情因素带进推理和论证的过程中。

规避论据不足的谬误：我们需要把注意力集中到推理或论证过程中论据对论题的支持程度上。必须确切判明论据的有无或多少，明确它对论题成立所起的支撑，以及对论题的支持和确认程度，以此来识别和警惕那些似是而非的错误推理或论证，避免论据不充足的谬误出现。

日常生活中谬误可以说无处不在，任何人在生活中的思维和表达都可能遇到谬误的问题。谬误与诡辩毕竟是逻辑和真理的对立物和大敌，在生活中我们只有学习和了解了谬误的知识，才能更好地去辨别是非真假。

谬误的种类

谬误的种类很多，根据谬误的不同特点可以将谬误归为不同的类型。关于谬误类型的划分有很多种，有学者将其分为语形谬误、语义谬误和语用谬误，归纳的谬误与演绎的谬误，形式的谬误与非形式的谬误。

语义谬误、语形谬误和语用谬误

此种划分是根据逻辑符号学的相关原理进行分类的。具体按谬误产生于符号运用的语义、语形和语用三方面而对其进行的分类。

语义谬误包括语词的歧义谬误和语句的歧义谬误等。语义谬误产生于对符号的运用过程中，是由于表达式的意义方面的原因而引起的各种谬误，在一个句子中的同一个词表达的意思可能是完全不一样的。

所谓的语形谬误是指符号的运用过程中，产生于符号之间关系的谬误，是由于推理形式的错误而导致的谬误。

而语用谬误是同语言的使用者和语境密切关联的一种谬误，产生于符号与解释者之间关系的谬误。

归纳的谬误和演绎的谬误

这是按谬误产生的推理的不同对谬误进行的分类。人们在观察、实验、调查和统计过程中收集经验材料；在分析、综合、概括、类比和探索事物现象间的因果关系等过程中产生的谬误称为归纳的谬误。像观察谬误、机械类比都属于此种谬误。

演绎谬误是人们在思维的过程中运用演绎推理的各种形式和手段时，不遵循相应的规律所导致的种种谬误。它出现在演绎的过程之中。

形式谬误和非形式谬误

"形式谬误"和"非形式谬误"是目前学术界较为常用的分类方法。这是按照其是否违背推理形式的逻辑规则来进行的分类。

所谓"形式谬误",是演绎上的谬误,在逻辑上推理和论证是无效的,是由于推理形式不正确而产生的错误。

1. 不当否定后件式

不当否定后件式是在充分条件假言推理中通过否定前件来否定后件。如果 p 则 q,非 p,所以,非 q。例如,张三谋杀了李四,则他是一个恶人;张三没有谋杀李四,所以他不是一个恶人。这个推理显而易见是不能成立的,在这个事件的推理中,谋杀行为可以使某人成为恶人,但是一个人之所以为恶人有许多其他可以成立的条件,作恶的形式也自然是多种多样,因此"张三没有谋杀李四"并不能确定其不是恶人。

2. 肯定后件式

肯定后件式,即在充分条件假言推理中通过肯定后件来肯定前件。如果 p 则 q,q,所以,p。例如,如果宋青是个书虫,那么他会经常读书;宋青经常读书,所以宋青肯定是一个书虫。这显然也是无效的推理,宋青经常读书可能是因为他是编辑,这是他的工作,这并不能说明他一定就是热爱读书的书虫。

3. 条件颠倒式

条件颠倒式,即任意地调换假言推理的前后件。如果 p 则 q,所以如果 q 则 p。例如,如果 x 是正偶数,则 x 是自然数,所以,如果 x 是自然数,则 x 是正偶数。从数学常识来判断,不言自明。

4. 不正确逆否式

如果 p 则 q,所以,如果非 p 则非 q。例如,如果今年风调雨顺，粮食就会大丰收。所以，如果不是风调雨顺粮食就不会大丰收。这也是不成立的，除了风调雨顺可以使粮食丰收之外，灌溉、施肥等也可能使粮食获得大丰收。

5. 不当排斥

不当排斥指在相容的选言判断中通过肯定部分选言来否定另一部分。或者 p 或者 q；p，所以，非 q。例如，康熙或者是皇帝或者是清朝人，康熙是雄才伟略的皇帝，所以，康熙不是清朝人。

6. 中项不周延

例如，有些医生是强盗，有些强盗是政客，所以，有些医生是政客。此就属于中项不周延。

7. 大项不当周延

一个三段论大项在前提中不周延，在结论中周延了。例如：鸽子是鸟类，乌鸦不是鸽子，所以，乌鸦不是鸟类。

8. 小项不当周延

一个三段论中小项在前提中不周延，在结论中周延了。例如，所有新纳粹分子都是激进主义者，所有激进主义者都是恐怖分子，所以，所有恐怖分子都是新纳粹分子。

9. 强否定

从对一个联言判断的否定到对每个联言肢的否定。例如，并非李明既会武术，又会舞蹈，所以李明既不会武术，也不会舞蹈。

10. 弱否定

从对一个选言的否定推出至少否定一个选言肢。例如，并非小张或者喜欢钓鱼，或者喜欢打牌，所以小张或者不喜欢钓鱼，或者不喜欢打牌。

11. 无效换位

换位推理应当是限量的，如果不限量，则成为无效换位。例如，所有的诗人都是作家，所以所有的作家都是诗人。

12. 非此即彼

从一个全体判断的假，推出一个全体判断的真。例如，并非所有的女孩都喜欢漂亮衣服，所以所有的女孩都不喜欢漂亮衣服。

13. 差等误推

根据一个全称的判断的假，推出一个特殊称谓判断的假。例如，并非所有的病毒都是有害的，所以并非有的病毒是有害的。

所谓的非形式谬误是与形式谬误相对而言的。概括地说，非形式谬误是指一种不确定的推理与论证，是由于推理过程中语言的歧义性或者前提对结论的不相关性或不充分性造成谬误的产生，而非它具有无效的推理形式。它是依据语言、心理的因素从前提得出的，并且这种推出关系是不成立的。

非形式谬误又包括：歧义性谬误、关联性谬误、论据不足谬误。非形式谬误的这三种种类又细分为多种谬误形式，比如歧义性谬误中的概念混淆、构型歧义、错置重音、分举合举。

歧义性谬误是指我们日常生活中在与人交流时，用语言表达我们自身的观点和思想的过程中，所用语言的确定性和明晰性不能得到有效的保证，也就是在某一确定的语言环境下，使自身运用的语言所使用的概念、判断的确定性丧失，而产生的种种谬误。

关联性谬误是指那些论据包含的信息看起来与论题的确立有关但真实上却是无关的，由此而引起的种种谬误。一般地说，关联性谬误都与语言和心理有关，但在逻辑上无关，是与语言心理为相关前提而产生的。它多数利用语言表达感情的功能，以语言激发起人们心理上的同情、怜悯、恐惧或敌意等，致使人们接受某一论题。

在非形式谬误中，论据不足谬误也是一种谬误。它是由于论据不够充分所导致的论题不成立的错误论证。它也分为很多种，包括以偏概全谬误、以全概偏谬误、以先后为因果谬误、因果倒置谬误、虚假原因谬误等多种谬误种类。

构型歧义和语音歧义

构型歧义

构型歧义又称为语句歧义谬误，是由于句子的语法结构不确定、不严谨而产生的多种含义，也就是整体上的歧义。例如有这样一个推理："班上有 10 个篮球运动员与排球运动员，所以，班上有 10 个篮球运动员。"乍一看觉得这一推理似乎是正确的。但是，仔细一想，"班上有 10 个篮球运动员与排球运动员"这一语句是有很大歧义的：我们可以有两种理解方法，一可以理解为这 10 人既是篮球运动员又是排球运动员；二可以理解为这 10 人中仅有一部分是篮球运动员，其余是排球运动员。因此我们可以看出只有在第一种情况下才能推出命题中的结论，在后一种情况下是推不出上述结论的。在后一种意义上进行的推论而产生的谬误就是一种语句歧义谬误。

关于语句歧义谬误有一个非常流行的故事：一位秀才到朋友家做客，快要回家时不巧天下起了大雨，眼看着无法回家，客人希望主人留自己住宿，于是就写了一行字来探问："下雨天（，）留客天（，）留我不留（？）"由于古代文章中没有标点，于是主人就故意和他开了个玩笑，把这句话读成了："下雨天（，）留客（。）天留（，）我不留（。）"心有灵犀的客人哈哈一笑，重新读道："下雨天（，）留客天（，）留我不（？）留（。）"这句话（下雨天留客天留我不留）因三种断句法，就有三种不同的解释，成为一个"语句歧义谬误"的经典案例。

并不是所有的"语句歧义"都带来坏的结果，这也需要在具体的语境中去考察。有一些"谬误"是出于需要而故意为之。在"秀才做客"这一例子中，秀才就很好地利用了"语句歧义"。"语句歧义"在特定的场合有时候可以发挥特殊的作用，我们应扬长避短。

另有一个谬误害人的例子，民间的算命先生往往是利用歧义的高手。他们在实践中掌握歧义运用的技巧，利用歧义来骗取钱财，往往能够达到迷惑人的效果，如果不加以认真地思考分析很容易就落入算命先生的圈套中。

例如，一位算命先生给人算命时写下了这样一句话："父在母先亡"。这句话是没有标点的，因此由于标点设置的不同，这句话就会出现截然不同的两种含义：①"父在，母先亡"；②"父，在母先亡"。第一种的含义是说：父亲尚在人世，母亲已经死了。而第二种的含义则是：父亲已经早于母亲而死。如果再加上不同的时间的限制，这句话可以表示对过去的追忆，对现实的描述，对未来的预测，可以说是一个万能的句子，穷尽了所有可能的情况。它可以有六种不同的含义：①父母去世，母亲是父亲在世的时候去世的；②父亲现在活着，母亲却已经去世了；③父母去世，父亲先于母亲去世；④父亲已经去世，母亲还健在；⑤现在父母都活着，将来母亲先去世；⑥现在双亲都活着，将来父亲先去世。因此，无论当事者目前情况如何，算命先生都可以说已经"料事如神"了，熟悉了逻辑学的相关知识我们就不难识破这种伎俩。

语音歧义谬误

语音歧义谬误，是同一个句子由于读音的不同，重音所落词语的不同，也就是强调其中不同的部分而导致的语句的不同意义。这种由于读法不同而产生的谬误就是语音歧义谬误。

有的词可轻读，也可重读。不同的读法有时会使句子表示的意义完全不同。比如这样一句话：我想起来了。这句话中"起来"分别读三声和二声时，表示"起身、起床"的意思；而读三声和轻声时，则表示"想到"的意思。

另外，我们对它某个音节的语音强调不同也会产生不同的意思。"我们不可以在私下里说朋友坏话。"如果我们读这句话的时候是平常的语气，那么它就是一句很平常的话，没有任何强调。如果重音落到"私下里"上，那么这里就有了另外的含义，我们就可以理解为人们可以在公开的地方议论朋友。如果说的时候重音落到"朋友"上面，就有了我们是可以私下里议论不是朋友的人。"一个学生成了千万富翁"，语音重读时我们可以强调是"一个"，当然也可以强调"学生"。重读的词语不同，所强调的不同，意思也就有所不同了。在日常生活中一些商家就会运用这种重读的不同来迷惑消费者，有些商家以特大字表明很低的折扣以示强调，却在折扣后面打上很小的"起"字，消费者往往被低价吸引，结果进店一看却不是那么回事。因此在日常生活中我们既要善于识别这些语音的谬误，又要在运用语言的时候清晰严谨，避免造成语音歧义谬误。

混淆概念和偷换概念

概念是思维的细胞，是反映对象本质属性的思维形式，是认识过程中的一个阶段。思维想要正确地反映客观现实，概念就必须是清晰的、辩证的、富于逻辑性的。概念是主观性与客观性、特殊性与普遍性、抽象性与具体性的辩证统一，也是富有具体内容的、有不同规定的、多样性的统一。

一般来说，概念要通过语词来表达。词义有表达概念的作用，有一词多义和一义多词的现象，造成了概念和语词的复杂关系，因而很容易造成概念方面的逻辑混乱。概念混淆便是主要的一种。

混淆概念是指在同一思维过程中，无意识地把某些表面相似的不同概念当作同一概念使用或在不同意义上使用同一概念而犯的逻辑错误。具有相对意义的词项，如果混淆了相对的范围、论域或语境，也可造成概念混淆。

概念混淆一般是由认识主体对概念本身认识不清或逻辑知识欠缺而造成的。比如：

这门课程很没意思，我一点儿都不想学。

他一有空就打游戏，从不浪费一分一秒。

这两句话都犯了混淆概念的错误。第一句中，"课程"本是一个集合概念，但这里却将其当作非集合概念来使用；第二句中，"浪费"是指消耗有价值的东西或有意义的事，而"打游戏"却多指无价值的东西或无意义的事。

《韩非子》中有一则关于"卜子之妻"的故事：

郑县人卜子使其妻为袴（做裤子），其妻问曰："今袴何如？"夫曰："象吾故袴。"妻子因毁新令如故袴。

这则故事中，卜子说的"象吾故袴"是指在样式上和原来的旧裤子一样，而其妻子却理解为要像旧裤子那样破旧，于是把一条新裤子弄成了旧裤子，犯了混淆概念的错误。

概念混淆是一种较为常见的逻辑错误，主要原因是人们对反应比较接近的事物和现象的概念在内涵和外延上没有辨别清楚。要想避免概念混淆，就要对所使用的概念在准确把握其内涵和外延的基础上，注意对同音异义和近义词的区辨。只有这样将易混淆的概念严格区分，并且结合上下文的语境恰当地使用，才可能避免错误。

具有相对意义的词项，如果混淆了其所相对的范围或语境，也可造成歧义性谬误。比如，蚯蚓是动物，所以，大蚯蚓是大动物，这是一条小蛇，而那是一条大蚯蚓，所以，这条小蛇小于那条大蚯蚓。这里，"大"与"小"是相对而言的，如果把这种相对概念"大""小"理解成绝对的"大""小"就会犯歧义性的谬误。

除了上述的例子之外还有其他很多情况，主要有如下的一些情形：误用近义词造成概念混淆；误用同音字造成概念混淆；把两个表示不同时间的概念混淆；把反映事物的具体内容的概念混淆为事物本身的概念；同音异形的概念混淆；对象的概念混淆。

偷换概念是指在同一思维过程中，为达到某种目的而故意违反同一律，把某些表面相似的不同概念当作同一概念使用或在不同意义上使用同一概念而犯的逻辑错误。比如：

有个很小气的财主找阿凡提理发，阿凡提决定给他点儿教训。在给财主刮脸时，阿凡提问："老爷，你要眉毛吗？"财主不假思索道："废话，当然要了！"阿凡提手起刀落，把财主的眉毛刮了下来递给他。财主大怒，阿凡提笑着说："是老爷你自己说要眉毛的啊，我只是按你的吩咐去做啊。"财主无奈，只好继续刮脸。阿凡提又问："老爷，你要胡子吗？"财主一连声地说："不要！不要！"阿凡提又手起刀落，把财主的胡子刮了下来。财主再次大怒，阿凡提还是不慌不忙道："老爷，这可是你自己说不要的，怪不得我啊！"

这则故事中，阿凡提就是故意通过偷换概念来戏弄财主的。第一次财主说"要"眉毛，是指要把眉毛留下来，但阿凡提故意理解为要把它刮下来带回去；第二次财主说"不要"胡子是指不要把胡子刮下来，但阿凡提却故意理解为不要把胡子留下来。通过两次偷换概念，阿凡提不但教训了小气的财主，而且让他无话可说。

断章取义谬误

断章取义在字典中是这样解释的：断，截取；章，篇章。意思是不顾上下文，孤立截取其中的一段或一句。它来自一个成语典故，原指只截取《诗经》中的某一篇章的诗句来表达自己的观点，而不顾及所引诗篇的原意；或指不顾全篇文章或谈话的内容，孤立地取其中的一段或一句的意思，引用与原意不符。后来比喻征引别人的文章，言论时，只取与自己意合的部分。在《左传·襄公二十八年》中有这样的话："赋诗断章，余取所求焉。"

上边所说情况的错误便被称为断章取义谬误。在生活中有很多断章取义的例子，我们经常引用的名言、警句中有许多其实都是被断章取义出来的。如果我们不是对名言警句的出处和当时的语境有一个全面的了解，就很难辨别出这些所谓名言警句是否是断章取义。

上小学的时候老师要求背诵的名言警句中就有很多这样的例子。比如，我们背诵的这样一句名言："吾生有崖，而知无崖。"这句话是庄子说的，出自《庄子·养生主》。然而庄子当时却并不是要我们以有限的生命去追求无限的知识，以庄子的道家无为思想自然是不可能这么执着的。庄子在这句话后边其实还有另一句话："以有崖求无崖，殆哉矣。"庄子的话原本的意思是："生命有限，而知识是无限的，以有限的生命去学无限的知识，会迷惑而无所得，是很危险的。"庄子的这句话是什么时候被断章取义的在今天已经不可考了。我们上小学的时候，我们的老师和长辈也许并没有深究这个问题。他们为了鼓励我们好好学习、奋发向上便常常引用这句话的前半部分。

除了庄子这个例子之外，从小学起就被老师、家长们不断当作激励我们勤奋学习的还有一句非常著名的名言："天才是 1% 的灵感加上 99% 的汗水。"我们都知道这句话是爱迪生说的，也许在每个人的学生期间都或多或少地引用过爱迪生的这句话。但殊不知这句话的下一句是："但那 1% 的灵感是最重要的，甚至比 99% 的汗水都要重要。"勤奋固然是很重要的，但是当我们成熟以后一定要注意做事情的方法，科学家的话不是随口说出的，它总有它的内涵。爱迪生的这句话其实一方面强调了勤奋的重要性，一方面也强调了灵感的不可或缺，这样加起来其实才是严谨的，哪一方面忽略了都是不对的。

在爱情中我们常常会用到这样一个词"相濡以沫"，这个词也是出自庄子之口。在《庄子·大宗师》有这样一句话："相濡以沫，不如相忘于江湖。"

庄子给我们讲了这么一个小故事："泉涸，鱼相与处于陆，相呴以湿，相濡以沫，不如相忘于江湖。"故事的意思是，有一天，泉水干了，两条小鱼被困在了陆地上，它们共处于一个小水洼中，为了能活下去，彼此从嘴中吐出泡泡，用以湿润对方的身体。可是，这样做有什么用呢？与其两个人一块儿在死亡的边缘挣扎，还不如回到江河湖海中幸福地活着，即便互相忘记了又有什么呢。

诉诸权威

在中国人眼里，权威应该是一个非常熟悉的词语，在封建社会，老百姓饱受压迫，对于强权和威信非常崇拜和惧怕。近代社会以来，中国人民也是饱受苦难，对权力和威望亦是十分尊崇，现在这种状况有所改观，然而，有些人还是习惯于迷信权威，由此造成的谬误不在少数。

事实上，"权威"是一个外来词。现代汉语中它的含义是：使人信从的力量或威望；在某种范围里最有地位的人和事物。英语中的"权威（authority）"源于拉丁文 auctoritas（权力、影响）。它不仅包括汉语中的那两个意义，而且还有特别值得指出的另外两个含义：一是可被用来支持一个观点或行为的人或事物；二是一个权威性陈述的作者，或博得人们尊敬的人，也指如此一位作者的作品。

"权威"指的是那些在某个领域的某些方面能够给出结论性陈述或证明的个人或组织，包括"学术"权威和"行政领导"权威。能够成为权威的人或机构，一定是该领域的内行，不仅有着丰富的经验和远见卓识，而且有着严谨的态度，所以，在大众心目中，权威的意见最值得信任、参考和引用。也是因为这一点，滥用权威、迷信权威等谬误就变得很多见了。这就是诉诸权威谬误——以权威取代事实与逻辑；以权威人的话为真理。常见的诉诸权威的谬误有：滥用权威、迷信权威、诉诸不相干权威、诉诸传统和诉诸起源、诉诸公众。

可是，权威具有相对性、多元性和可变性，也不是永远可信的，所以，诉诸权威谬误有时候就会变得很可笑了。

在生活中人们说话和写文章往往会引用一些名人名言，以此来论证自己观点的正确性。有的时候却不顾逻辑，往往是因为某某说过某话，所以就据以论证这一观点就是正确的，太过于想当然。

"夫道，天下之公道也；学，天下之公学也。非朱子可得而私也，非孔子可得而私也。"

这几句话是明代大思想家王守仁说的，意思是说，道是天下的道，学问也是天下人的学问，并不是朱子和孔子所私有的。我们每个人都可以体悟道，追求到学问。我们都知道中国古代社会是以儒教立国的，儒家的学说在封建社会占有重要的地位，到了宋明时期朱熹所提倡的理学更是占据了正统学问的权威地位。在这种情况下是容不得什么人有所异议的，然而王守仁却是一个异类。他以"道"为"天下之公道"、"学"为"天下之公学"，认为"非朱子可得而私"、"非孔子可得而私"，人们只要一切依据"良知"，便无须盲从孔子、朱子或儒家经典的权威。从这种观点出发，王守仁鼓励其弟子在"良知同"的原则前提下，尽力发挥各自的创造性思维，自由展开自己的思想。在这种情况下王守仁在程朱理学之外开创了自己的心学学说，成为一代思想家。正是因为不迷信权威，不惧怕权威，他才跳出了权威的藩篱。

在我们今天的生活中也同样存在着很多诉诸权威的谬误，其中滥用权威的问题便十分严重。在今天，广告可以说是无处不在，无论是电视上还是街头路边，众多广告纷纷亮相，其中不乏明星、名人代言的广告。明星、名人在普通的老百姓心目中是在某方面有一定权威性的人，人们对明星和名人很容易盲目的相信，也因此以为他们所代言的产品也具有了权威性，也是好的产品。事实并非如此，在明星代言的产品中有很多是虚假和劣质产品。明星虽然在音乐圈和影视圈里是权威人物，但是对于代言的产品来说，他们对产品的认知并不会比普通人了解得多，毕竟他们不是这方面的专家。尽管国家相关部门一再出台政策，对明星代言广告加以规范和限制，也劝导消费者不要轻易地就认定明星所代言的产品就是优质产品，可消费者还是容易陷入权威的误区。

金庸小说《笑傲江湖》的男主角令狐冲，是一个再普通不过的江湖小辈，没有陈家洛文武双全的贵公子风范，没有郭靖为国为民的豪情和伟业，没有萧峰叱咤风云的堂堂威风，也没有韦小宝圆滑世故的齐人之福。他很不起眼，从开始到最后他都与武功天下第一无缘，然而，他却有一个其他人不具备的优秀品质，就是敢于反抗权威的斗争精神和胆气。正是他的不迷信权威才最终使他在人心险恶的江湖中得以生存，最终才能和任盈盈归隐江湖，过上逍遥自在的日子。金庸刻画了这样一个在险恶的江湖中全身而退的人物用意其实很明显，在塑造了诸多复杂的悲剧人物之后，金庸用他的人生阅历告诉读者，对于权威始终应该保有一种警醒的态度，不可盲目迷信，这样才会有一个精彩的人生。小说总是现实生活的折射。

诉诸怜悯

在电视剧、小说中经常会有这样的场景，某人跪地求饶，说道："我上有八十岁老母，下有三岁孩童，我死了他们可怎么办呢？可怜了我的老母亲和孩子啊，孤苦无依，还望饶恕小人一条狗命！"这种场景在我们现在看来似乎已是十分老套，不过是些骗人的把戏，以诉说可怜来博取同情求得活命的低级伎俩。

其实上边的这个场景，便是典型的诉诸怜悯。诉诸怜悯谬误的论证形式是："A 是值得同情怜悯的，所以，关于 A 的命题 P 是对的。"这种论证显然是不合逻辑的，因为前提与结论没有逻辑的关系。结论为真与假，与某人的不幸境况没有关系，人类同情心不是论断的逻辑理由。在诉诸怜悯的谬误中，往往便是利用种种方法博得人们的怜悯和同情，最后使人们忽视了原来正当或者正确的论点，从而接受了诉诸者的论题。

在火车站广场上，一名年轻人光着上身，在冰冷的水泥地上趴着，左边的裤管空了一半。右脸贴着地面，前方有一个纸盒，他往前爬一步，就把纸盒往前推一步，天非常冷，他显得十分可怜。很多路过的行人都纷纷往纸盒子里投钱，一毛的、一块的，还有五块的和二十的。就这么一步一爬地转了几圈后，"断腿"男忽然坐了起来，在人来人往的广场上开始穿衣服，原本"断掉"的左腿也露了出来。很快，他穿好了衣裤，拍了拍身上和脸上的尘土，在周围人诧异的目光下，带着他的纸盒子起身走了。

这是在一则新闻中记者描绘的一个场景，这种场景估计很多人都曾经遇到过。让我们同情、怜悯的残疾乞丐其实是一个体格健全的正常人，他只是以身体"残疾"来博取人们的同情，以此骗取钱财。这样的事情让我们大跌眼镜。

在这则新闻中，当记者追问乞讨的年轻人为什么这么做时，他的回答是，觉得干活挣钱太少、太累。他以这种方法在一天中"表演"一个多小时，就能挣五六十元，非常自在。其余的时间要么睡觉，要么去网吧上网、聊天、看电影。他还指望以此赚钱将来娶媳妇。

这个事例中的年轻人以诉诸怜悯的方法引起人们的同情，致

神逻辑：恶补逻辑学的第一本书 ①②③④
SHEN LUOJI: E BU LUOJIXUE DE DI YI BEN SHU

使人们产生错误认知，诉诸怜悯，而拿出钱给他。社会中很多的假乞丐便是以这种方法谋取钱财的。

当我们面临在两个陈述中选择相信其中一个时，陈述者的泪水，往往会模糊我们理性思考的视线，那催人泪下的陈述会使感情取代理性的裁决。

在面临问题的时候人们应当理智地去判别，以免让一些犯罪分子有机可乘。

对于"诉诸怜悯的谬误"人们也许还会有一个误解：有人会觉得人们高尚的、不可缺少的同情心怎么也成了荒谬、谬误的东西了？事实上被人们赞美过的、值得赞美的人性绝不是谬误的，只有将它作为支持某论证、判断的根据时，它才会产生谬误。

诉诸威力

在封建社会里"君叫臣死，臣不得不死"。强权的威力之下，大臣们没有敢乱说话的，皇帝的话几乎没有人敢反对，在这种君权凌驾于一切权力之上的社会里，自然会有许多诉诸威力的谬误。诉诸威力的谬误，是在论证中，凭借强权、势力甚至武力去威胁、恫吓对方，迫使对方接受自己观点的谬误。在《水浒传》中李逵便是一个爱用武力去威胁别人的人。要是三言两语不和，不顺着他的意思，他便会大吼起来："你这厮，敢说俺铁牛不是，俺砍了你。"当然李逵也算是草莽英雄，用武力威胁的多半是些贪官小人，然而一些贪官污吏利用强权草菅人命、污人入狱、刑讯逼供、屈打成招，却是诉诸威力谬误害人的典型。

关于诉诸威力的谬误，有着一个非常流行的成语故事"指鹿为马"，出自《史记·秦始皇本纪》。

秦二世时，野心勃勃的赵高日夜盘算着篡夺皇位，可不知朝中大臣有没有人愿意听他摆布。如何能让大臣听命于自己呢？赵高想出了一个办法，一方面试试自己的威信，另一方面也可以摸清哪些大臣反对自己。

一天上朝时，赵高牵来一只鹿，在朝廷上当着大臣们的面，献给二世皇帝，并指着鹿故意说："这可是一匹好马啊！是我特意献给陛下的。"秦二世说："这分明是鹿嘛！丞相怎么说成马呢！"赵高说："这就是一匹良马，陛下不信，可以问问诸位大臣。"不少大臣畏惧赵高的权势，害怕他为人阴险，就默不作声；有的为了迎合赵高，就讨好说："这确实是匹宝马呀！"也有一些大臣明确指出："这明明是一只鹿。"事后，那些说鹿是鹿的人，都遭到了赵高的暗算，从此群臣都更加惧怕赵高了。后来，赵高被子婴所杀。

历史向我们证明了诉诸威力是站不住脚的，历史终将还我们以真理，终会将谬误踩在脚下，将真理高高地举过头顶。任何诉诸威力的谬误，都将在滚滚的历史长河中悄然逝去。

诉诸众人

诉诸众人的谬误是在论证过程中以持某种观点的人数多来代替对该观点实质性的论证而犯的逻辑错误，因为仅以多数人的观点去论证一个论题，所以也叫以多数人的观点为据的谬误。

天堂要举办一个特别重要的石油会议，石油大亨们都收到了邀请。有一个石油大亨迟到了，当他推开会议室的大门，发现已经没有他的座位了。他在会议室里转来转去，先来的人丝毫没有给他让座的意思，于是，他眼珠一转，高喊道："地狱里发现石油了！"这一喊不要紧，坐在椅子上的石油大亨们纷纷向外跑去，那位最后来的石油大亨有了足够多的座位。可是，坐了没多久，他也坐不住了，心想，大家都去了，难道地狱里真的发现了石油？他再也坐不住了，匆匆忙忙地也向地狱跑去。

石油大亨们的这种盲从行为很像羊群吃草。一群羊在草原上寻觅着青草，它们非常盲目，左冲右撞，杂乱无章。这时，头羊发现了一片肥沃的草地，并在那里吃到了新鲜青草。群羊就紧随其后，一哄而上，一会儿就把那里的青草吃了个干净。

诉诸众人的谬误其实就是基于从众心理而产生的盲从现象，也叫"羊群效应"。

心理学家曾做过一个实验：教授在黑板上画了 A、B、C 三条线，然后又在 A 线旁边画了一条 X 线。A、B、C 三条线互不等长，X 线和 B 线一样长，并且很容易就能看出来。然后他请来十个人。

教授说："请问三条线中哪条跟 X 线一样长？"

教授话音未落，十人中有九个人同声说："A。"

剩下的那个人愣了一下，心想："怎么回事啊？明明是和 B 线一样长啊！"但是他没说出来。

这时教授说："好像有人没发表意见，我再问一遍，X 线跟 A、B、C 三条线中哪条等长？"那个刚才没回答的人刚想说话，那九个人又说："是 A。"

没回答的人十分茫然，不知该不该说。

教授又说："好像还是有人没有发表意见，我希望每一个人都要回答。好，我再问一遍，到底这三条线中哪条线跟 X 线一样长？"

那九个人又异口同声地说："是 A，绝对没错！"然后，教授问那个没说话的人："你觉得哪两条线一样长？"这个人犹豫了一下，但还是特别坚定地说："我也认为 A 和 X 一样长。"

为什么那九个人要保持同一个错误口径呢？因为他们是教授的试验助理，也就是说，十个人中只有一个是事先什么都不知道的，并且这个试验就是要对他进行"从众测试"。

同样的试验测试了 100 个人，发现有 38% 的人和第一个被测试者的答案一样。通过这个测试，我们可以得出这样的结论：世界上有 1/4 ~ 1/3 的人有从众心理。

福尔顿是一位颇有名气的物理学家。在一次研究中，他运用新的测量方法测出固体氦的热传导度。这个结果比人们已知的固体氦的热传导度高出 500 倍。福尔顿觉得差距这么大，恐怕是自己弄错了，如果公布出去，岂不被人笑话？所以他就没有声张。不久，美国的一位年轻科学家，在实验中也测出了固体氦的热传导度，并且结果同福尔顿的完全一样。这位年轻科学家可没像福尔顿那样顾虑重重，他公布了自己的结果，并且很快引起了科学界的广泛关注。福尔顿追悔莫及，在给朋友的一封信中写道：如果当时我摘掉名为"习惯"的帽子，而戴上"创新"的帽子，那个年轻人就绝不可能抢走我的荣誉。

　　福尔顿的所谓"习惯"的帽子就是一种诉诸众人的谬误。可见，诉诸众人的谬误不但会使人丧失创新意识，还能使人丧失成功的机会。

　　事实上众人的意见未必都是真理，真理有时掌握在少数人手中，而众人的看法有时倒是谬见。然而，众人之见常常对人有一种心理影响，似乎众人之见即真理，这便是一种从众心理，也叫随大流。在实际工作中，人们在处理一些事情时，也往往随大流。有从众心理的人往往是盲目从众，从不怀疑，不善于独立思考，即使多数人的意见和方案有缺陷，他也不能及时发现。

　　在《楚辞·渔父》中有一段讲屈原不同流合污而被放逐的事情：

　　屈原既放，游于江潭，行吟泽畔，颜色憔悴，形容枯槁。渔父见而问之曰："子非三闾大夫与？何故至于斯？"屈原曰："举世皆浊我独清，众人皆醉我独醒，是以见放。"渔父曰："圣人不凝滞于物，而能与世推移。世人皆浊，何不淈其泥而扬其波？众人皆醉，何不哺其糟而歠其醨？何故深思高举，自令放为？宁赴湘流，葬于江鱼之腹中，安能以皓皓之白，而蒙世俗之尘埃乎！"渔父莞尔而笑，鼓枻而去，乃歌曰："沧浪之水清兮，可以濯吾缨；沧浪之水浊兮，可以濯吾足。"遂去，不复与言。

这是《楚辞》里边的篇章，是说屈原在众人皆醉的时候一个人保持清醒。在多数人都不认为事情应该那样做的时候屈原却能够坚持自己的观点，这其实便是"诉诸众人的谬误"的反证。

不过，有的时候不诉诸众人也是需要一定的勇气的，因为不诉诸众人往往就要付出被众人排斥的代价。屈原的仕途本来是很顺畅的，二十几岁时就受到楚怀王的信任，先后做过左徒和三闾大夫，地位相当显赫。他"入则与王图议国事，以出号令；出则接遇宾客，对应诸侯"，一度成为楚国内政外交的关键人物。可就是因为他不愿意与奸佞之人同流合污而遭到谗害，过了二十多年的流浪生活，最后投江自杀。

还有北宋大文豪苏轼，虽饱读诗书，满腹经纶，却是"一肚皮不合时宜"，无论旧党还是新党上台，他都不讨好。与当权者发生冲突，结果先被贬为黄州（今湖北黄冈）团练副使，后又辗转就任于颍州、扬州、定州的地方官，最后贬到岭南、海南岛。虽然在宋徽宗即位后，被允许北归，但终因长期流放，一病不起，最后死于常州。

　　生活中需要有一些怀疑精神，即使大多数人都认为对了，自己也要认真地思考论证，真理有时候并不一定掌握在多数人手中。克服从众心理的影响，避免陷入"诉诸众人的谬误"，激发创新意识、独立精神，有助于作出具有独创性的决策，推动事业的健康发展。

以感觉经验为据

　　以感觉经验为依据，是指人们习惯于根据既往的经验来对事情进行逻辑论证，而这种论证往往是很不可靠的。仅靠经验决策，就会犯经验主义错误，导致严重的后果。

　　《醒世恒言》中有一篇小说叫作《十五贯戏言成巧祸》，讲述的是，无锡肉铺老板尤葫芦借得十五贯本钱做生意，可他对女儿苏戍娟开玩笑说这是卖她的身价钱，女儿信以为真，当夜逃走。深夜，赌徒地痞娄阿鼠闯进尤家，为还赌债盗走十五贯钱并杀死了尤葫芦，过后反而诬告苏戍娟谋财杀父。苏戍娟出逃后，与不相识的客商伙计熊友兰同行，邻人见到了他们，于是产生怀疑，而又发现熊友兰身上正巧带有十五贯钱，于是将两人扭送到县衙。知县对此并未详加审问，就断定苏戍娟勾搭奸夫、盗取钱财杀害了父亲，判他们二人死刑。他推理的逻辑是："看她艳若桃李，岂能无人勾引？年正青春，怎会冷若冰霜？她与奸夫情投意合，自然要生比翼齐飞之意，父亲拦阻，因之杀父而盗其财，此乃人之常情。这案情就是不问，也明白十之八九了。"这知县判案的依据就是如此一番"人之常情"，依据自己的经验而犯了先入为主的错误。

其实人们的经验有些时候并不是可靠的。人的经验基本上属于感性认识，感性认识是认识主体通过感觉器官在与对象发生实际的接触后产生的，它与认识对象之间的联系是直接的，具有直接性。感性认识反映的是事物的具体特性、表面性和外部联系，而很多时候人们认识事物进行实践的时候，要从感性认识上升到理性认识。理性认识比感性认识更加可靠，理性认识反映的是事物的本质、内在联系和规律，从感性认识上升到理性认识，是认识过程中的一次飞跃。感性认识和理性认识是两个不同的认识阶段，有着本质的区别，在生活中要多一些理性认识，少以感觉、经验为据才能减少谬误的出现。

爱迪生曾让一位数学专业毕业的高才生计算灯泡的体积，这个高才生费了半天劲，几乎把他的平生所学都拿出来了也没算出来。爱迪生说："你为什么不转换一下思维，试一试别的方法呢？"这个高才生又费了半天劲，还是局限在他的数学计算的经验中。见此情形，爱迪生有些生气地说："你只要用水装满灯泡，再用量筒量出水的体积，不就算出灯泡的体积了吗？"这个高才生这个时候才意识到自己的思维是多么局限，只知道拿以往测量规则容器的方法去测量这个梨形容器。其实，突破经验以后，那个灯泡的体积很容易就能算出来了。

有时候一件很简单的事情，会因我们总是凭经验做事而变得复杂起来。全凭经验不仅会限制我们的思维空间，还会钳制我们的主观能动性、创造性，让我们泯灭新的希望，从而给人生带来很多失败和损失。

人们在进行经验逻辑推理的时候，一般的模式就是：由于此种情况与彼种情况之间具有很大的相关性，因而常常偕同出现，那么此种情况的具备也就意味着彼种情况的同时发生。比如见到一个人若是衣着华丽，就会判断他是个有钱人，相反，衣衫俭朴的人则被认为是很寒酸的。这种逻辑为人们认识事物提供了一种便利的思路，而且往往是有效的，但是这种经验依据大多都是片面的，是不严谨的，所以如果仅凭这种经验来判断事情，就会发生很多错误。商鞅在秦国推行新法的时候，在城的南门前立了一根木头，声称谁若能够把它搬到北门，就赏一笔重金。其实这是很容易做到的一件事，但是围观的人们却议论纷纷，一时无人上前，原因是人们认为不会有这样的好事，所以有所顾虑。直到一个人挺身而出，将木头轻而易举地搬走而得到了重赏，人们这才突然发觉刚才失去了一个获赏的大好机会。大家之所以会产生这种错误，就是由于在这种意外的事件面前依据旧有的经验来推断，却没有认识到当时的新情况和事情的真实含义。

人们要克服经验的逻辑推理所造成的谬误，就应当充分认识到事物之间的复杂性，同时也应当意识到自身经验的有限性，更要具体问题具体分析，在进行推理判断的时候要有严密的逻辑依据，切忌先入为主，妄下结论。

你一定不相信，一根并不粗壮的柱子，一根细细的链子，能拴得住一头千斤重的大象，可如果你去过印度和泰国的话，你就会相信了，因为在那里，驯象人在大象还很小没有足够力气的时候，就用一根铁链将它们绑在水泥柱或钢柱上，无论小象怎么挣扎都无法挣脱铁链的束缚，于是小象渐渐习惯不再挣扎，直到长成大象，可以轻而易举地挣脱链子时，也没有想过挣扎。

以传说为据

传说阿房宫规模空前，气势恢宏，景色蔚为壮观。阿房宫大小殿堂七百余所，一天之中，各殿的气候都不尽相同。秦始皇巡游各宫室，一天住一处，至死时也未把宫室住遍。其实，后世对阿房宫的印象和描述基本上来自于唐代诗人杜牧的《阿房宫赋》，杜牧在这篇赋中写道："六王毕，四海一；蜀山兀，阿房出。""五步一楼，十步一阁；廊腰缦回，檐牙高啄；各抱地势，钩心斗角。盘盘焉，囷囷焉，蜂房水涡，矗不知其几千万落。长桥卧波，未云何龙？复道行空，不霁何虹？高低冥迷，不知西东。歌台暖响，春光融融；舞殿冷袖，风雨凄凄。一日之内，一宫之间，而气候不齐。"

从杜牧的描述可想而知，阿房宫是多么庞大。但这都是传说，都是后人借秦之喻，劝谏本朝帝王，务必要勤俭为国，不可骄奢淫逸，否则会像暴秦一样速亡。今依据当代考古证据，已经确切地证实阿房宫并未建成。在考察过程中，考古人员只在咸阳宫旧址上发现了焚烧的痕迹，其他地方并无焚烧痕迹，并没有像传说中说的那样，项羽火烧阿房宫，大火几月不绝。根据历史资料中的简短记载，还有所记录的时间上来看，得出最后可信度很高的结论：几千年来人们所传说的阿房宫其实根本就没有建成，是不可能像杜牧描述的那样气势恢宏的，那只是杜牧出色的文学想象。

历代的人们多以传说为依据，认为阿房宫是史上最大的宫殿建筑群，以此来更确切地佐证秦始皇的骄奢淫逸。这种做法属于典型的以传说为据。

以传说为据，是根据传说来判断论证事情和事物的确切存在，而不去详加辨别考证，把传说的东西当作是真实的。

以传说为据还表现在把道听途说的东西作为论证的依据。

春秋时代的宋国，地处中原腹地，缺少江河湖泽，而且干旱少雨。农民种植作物，主要靠井水浇灌。

当时有一户姓丁的农家，种了一些旱地。因为他家的地里没有水井，浇起地来全靠马拉驴驮，从很远的河汉取水，所以经常要派一个人住在地头用茅草搭的窝棚里，一天到晚专门干这种提水、运水和浇地的农活。日子一久，凡是在这家种过庄稼地、成天取水浇地的人都感到有些劳累和厌倦。

丁氏与家人商议之后，决定打一口水井来解决这个困扰他们多年的灌溉难题。虽然只是开挖一口十多米深、直径不到一米的水井，但是在地下掘土、取土和进行井壁加固并不是一件容易的事。丁氏一家人起早摸黑，辛辛苦苦干了半个多月才把水井打成。第一次取水的那一天，丁家的人像过节一样。当丁氏从井里提起第一桶水时，全家人欢天喜地，高兴得合不上嘴。从此以后，他们家再也用不着总是派一个人风餐露宿、为运水浇地而劳苦奔波了。丁氏逢人便说："我家里打了一口井，还得了一个人哩！"

村里的人听了丁氏的话以后，有向他道喜的，也有因无关其痛痒并不在意的。然而谁也没有留意是谁把丁氏打井的事掐头去尾地传了出去，说："丁家在打井的时候从地底下挖出了一个人！"以致一个小小的宋国被这耸人听闻的谣传搞得沸沸扬扬，连宋王也被惊动了。宋王想："假如真是从地底下挖出来了一个活人，那不是神仙便是妖精，非打听个水落石出才行。"为了查明事实真相，宋王特地派人去问丁氏。丁氏回答说："我家打的那口井给浇地带来了很大方便。过去总要派一个人常年在外搞农田灌溉，现在可以不用了，从此家里多了一个干活的人手，但这个人并不是从井里挖出来的。"

道听途说的东西是没有根据的，所以，听到什么传闻时，一定要动脑筋想一想，合不合情理，切不可不负责任地以讹传讹。这样会混淆视听，于人于己都不利。

一直以来，神农架野人都是一个谜，围绕它的似乎只有一些传说，似乎谁也不曾真正地亲眼见过野人。见到的人只是说高大、浑身长满了长毛等，并不能说清它到底是什么，人们都在口口相传着一个名字——"野人"。

有关"野人"的传说也有着上千年的历史，我国古籍中曾有过许多关于"野人"的记载和描述。《山海经》中也曾记述过一种类人的"怪物"，有这样的描述："枭阳，其为人，人面，长唇，黑身有毛，反踵，见人笑亦笑。"和传说中的野人特征十分相似。

神农架的"野人之谜"早已经尽人皆知，然而，野人的真面目至今没有展现在人们面前，执着者至今仍在追寻野人的踪迹。很多专家认为神农架"野人"只是一个传说，它不具备存在的条件，不值得去考察。

一个野人的传说，引得众多学者和好奇者付出毕生的心血去追寻，至今仍旧没有结果，究竟是真是假尚不可知。这种以传说为据而不惜代价考证的做法实在是值得考究的。

对于传说，应该持一种怀疑的态度，完全地否定不是上策，完全地相信也显得十分愚昧。传说可以作为一个信息帮助我们考证事情的真伪，并不能作为事实的根据。

孔子的学生颜回在煮粥时，发现有脏东西掉进锅里去了。他连忙用汤匙把它捞起来，正想把它扔掉时，忽然想到，一粥一饭都来之不易啊，于是便把它吃了。刚巧孔子走进厨房，以为他在偷食，后来，经过解释，大家才恍然大悟。孔子很感慨地说："我亲眼看见的事情也不确实，何况是道听途说的呢？"

亲眼看见的事情尚不确实，又何况是道听途说的呢！因此，不要轻易相信谣言，否则辛辛苦苦建立的事业说不定会毁于一旦。

错误引用

定公问："一言而可以兴邦，有诸？"孔子对曰："言不可以若是其几也。人之言曰：'为君难，为臣不易。'如知为君之难也，不几乎一言而兴邦乎？"曰："一言而丧邦，有诸？"孔子对曰："言不可以若是其几也。人之言曰：'予无乐乎为君，唯其言而莫予违也。'如其善而莫之违也，不亦善乎？如不善而莫之违也，不几乎一言而丧邦乎？"

上边这段话出自《论语 子路》篇，翻译成现代文大概意思是：鲁定公问："一句话就可以使国家兴旺，有这样的说法吗？"孔子回答说："话不可以这样说啊。不过，人们说：'做国君很难，做臣下也不太容易。'如果真能知道做国君的艰难，知道谨言慎行为国家着想，不就近于一句话可以使国家兴旺了吗？"鲁定公又问："一句话就可以使国家灭亡，有这样的说法吗？"孔子回答说："话也不可以这样说啊。不过，人们说：'我做国君没有别的快乐，只是我说什么话都没有人敢违抗我，我说什么就是什么。'如果说的话正确而没有人违抗，不也很好吗？如果说的话不正确而没有人违抗，不就近于一句话可以使国家灭亡了吗？"

一言兴邦，一言丧邦，听起来有点玄乎，一句话难道有这么厉害吗？其实这话看似夸张，细想还是有一定的道理的。一句话的错误有时候可以导致一件事情的失败，在战争中或者商业中一句话往往起到关键性的作用。所以说人们在运用语言的时候一定要谨慎，尤其当转达和引用别人的话时，一定要注意不能有丝毫的错误，否则贻害甚大。

《论语》中有许多语句现今都被错误地引用，给人们造成很多的误解。《论语·泰伯》篇有这样一句话："民可，使由之；不可，使知之。"它的意思是："如果这个人可以造就，有发展前途，就创造条件让他自由发展；否则，就只让他明白一般的道理就可以了。"其实，孔子话的意思是前者，只有那样才符合孔子因材施教的教育思想。后者仅仅是封建社会的愚民思想，封建统治者大肆引用这句话无非是为了稳定他们的统治。正确地理解孔子的这句话对于我们理解孔子的教育思想会有很大的帮助。为人父母的更要深刻理解这句话，它对于如何教育孩子健康成长、使之成材有着重大意义。

梁启超曾说："史料为史之组织细胞，史料不具或不确，则无复史之可言。"由此可见，史料是研究历史和从事历史教学的前提和基础。因此对于一些和历史学相关的纪录片、电影、新闻、教学等一定要注意史料的正确引用，否则不仅会歪曲事实、误人子弟，还会使相关个人和媒体的权威遭到质疑。

《世界上最遥远的距离》据说是泰戈尔的名作，这首爱情诗由于情感真挚感人而广泛流传，然而这首诗的真正作者却存在着很大的争议。

泰戈尔是印度的大诗人，在中国有着广泛的影响，写出这样的诗自然也是正常的，很少有人会怀疑。然而，有网友拿此诗与泰戈尔的《飞鸟集》对照检索，却并没有找到这首诗，而且，《飞鸟集》收录的都是两三句的短诗，不可能收录这么长的诗。那也可能仅仅是出处有误，本着严谨的精神，人们继续追查泰戈尔的其他作品，在《新月集》《园丁集》《边缘集》《生辰集》《吉檀迦利》等泰戈尔所有的诗集中均没有找到这首诗。

与这首广泛流传的诗最相近的版本出自张小娴之手。她的小说《荷包里的单人床》里有一段："世界上最遥远的距离，不是生与死的距离，不是天各一方，而是，我就站在你面前，你却不知道我爱你。"后来有记者采访张小娴证实，这几句确实是她个人的原创，只是后边是由别人续写的。

网络流行之后，书籍、文字的传播交流方便了很多，然而一些不经考证的错误也日益多了起来。无独有偶，电影《非诚勿扰Ⅱ》中有一首据传是仓央嘉措的诗也是错误引用。

片中李香山的女儿在父亲临终前的人生告别会上朗诵了一

首名为《见与不见》的诗，该诗被说是仓央嘉措所作，其实和电影所宣称的歌词改编自仓央嘉措《十诫诗》的片尾曲《最好不相见》一样，它们都只是网上盛传而已，并不是仓央嘉措的作品。

经媒体的调查证实，《见与不见》的作者其实是现代人，诗的实际名为《班扎古鲁白玛的沉默》，作者是一个藏族女孩。而《最好不相见》是网友将仓央嘉措的诗改编添加而成的，并非原作。所以在引用别人的话时，一定要严谨，对于出处、内涵一定要弄清楚，字句也一定要和原文完全相符，避免错误引用。

重复谎言

"谎言被重复一百遍就成了真理。"这句话是戈培尔说的。很显然，戈培尔犯了重复谎言的谬误。

戈培尔之所以会成为纳粹的铁杆党徒，源于1922年6月希特勒的一场演讲。听完了希特勒的演讲，戈培尔惊叹不已："现在我找到了应该走的道路——这是一个命令！"从这一刻起，戈培尔狂热地宣传他所信奉的"纳粹主义"，并因此得到纳粹上层和希特勒的赏识，爬到了纳粹的高级领导层。"英雄"总算有了用武之地，于是，戈培尔丧心病狂地调动纳粹党宣传机构的全部人马，进行了德国历史上空前的宣传运动。他为希特勒上台立下了汗马功劳。1933年，希特勒上台后，立即任命戈培尔为国民教育部长和宣传部长。

戈培尔丝毫不辜负希特勒的知遇之恩，一上任，就和他的宣传部着手使纳粹党一党专政合法化，使希特勒的法西斯独裁专制统治顺利地进行下去。作为宣传工作的老手，他深知强制人民的意识与纳粹的思想保持一致的重要性，所以他下决心使德国只能听到一种声音。

为了将"异端邪说"彻底从德国人民的头脑里清洗掉，戈培尔首先在全国范围内开展了焚书运动。他鼓动学生们的狂热举动说："德国人民的灵魂可以再度表现出来。在这火光下，不仅一个旧时代结束了，这火光还照亮了新时代。"

戈培尔还对新闻媒体，包括报刊、广播和电影等，也实行了严格的管制，建立起德国文化协会。协会的会员必须是热心于纳粹党事业的人，并按照国家的方针、政策和路线从事活动；作品的出版或上演必须经过纳粹宣传部的审查和许可；编辑们必须在政治上和纳粹党保持一致，种族上必须是"清白"的雅利安人；什么新闻可发，什么新闻能发，都要经过严格的审查。整个德国的舆论完全处在了疯狂的法西斯文化思想氛围中。应该向公众传播事实、宣传真理和正义的新闻媒介，成了散布谎言、欺骗公众、制造谬论、蛊惑战争的工具。

在德国闪击波兰前，纳粹德国的报纸、广播大肆鼓噪，为德国侵略波兰制造借口：波兰扰乱了欧洲和平，波兰以武装入侵威胁德国。《柏林日报》的大字标题警告："当心波兰！"《领袖日报》的标题："华沙扬言将轰炸但泽——极端疯狂的波兰人发动了令人难以置信的挑衅！"甚至"波兰军队推进到德国边境！""波兰全境处于战争狂热中！"等惊人的头条特大通栏标题出现在德国各大报纸上，给公众造成波兰即将进攻德国的错觉。

戈培尔和他的宣传部不但牢牢掌控着舆论工具，颠倒黑白、混淆是非，以愚弄德国人民，他本人还在各种场合亲自出马，发表演说，贯彻纳粹思想。

戈培尔就是这样给谎言穿上了真理的外衣。他还因此作了一个总结——重复是一种力量，谎言重复一百次就会成为真理。的确如此，当老百姓不明真相时，德国宣传机构动用舆论工具，编造谎言，以各种渠道反复向社会灌输，便能得到国民认可，于是，谎言便成了真理。

戈培尔始终坚定地相信谎言重复一百遍就成了真理。在他和希特勒营造的谎言中纳粹得以出现，然而他们也正是葬送在他们不断重复的谎言之中，人民最终还是识破了他们的谎言。

所谓重复谎言的谬误就是像戈培尔认为的那样，把一种主张、观点或者是事件不断地重复，使人们相信它像真理一样真实。

在日常生活中有一些事件会被人们的猎奇心理大肆地发挥和改编，本来是一些很容易辨别的谎言，却在不断的添油加醋中被重复得越来越多，最终被人们认为真实的事情。在生活中我们应当学会辨别，减少重复谎言的谬误，让谎言在智者那里停止。

图书在版编目（CIP）数据

神逻辑：恶补逻辑学的第一本书 / 达夫著 . —北京：北京联合出版公司，2019.10（2023.3 重印）

ISBN 978-7-5596-3566-2

Ⅰ . ①神… Ⅱ . ①达… Ⅲ . ①逻辑学—通俗读物

Ⅳ . ① B81-49

中国版本图书馆 CIP 数据核字（2019）第 191250 号

神逻辑：恶补逻辑学的第一本书

著　　者：达　夫
责任编辑：管　文
封面设计：李艾红
责任校对：许俊霞
内文排版：张　诚

北京联合出版公司出版

（北京市西城区德外大街 83 号楼 9 层　100088）

三河市燕春印务有限公司印刷　新华书店经销

字数 200 千字　880 毫米 × 1230 毫米　1/32　8 印张

2019 年 10 月第 1 版　2023 年 3 月第 6 次印刷

ISBN 978-7-5596-3566-2

定价：36.00 元